阴极保护系统维护

冯洪臣　主编

U0230215

中国石化出版社

内 容 提 要

本书系统地介绍了阴极保护系统的工作原理及其应用，重点阐述了阴极保护系统运行、维护中所使用的仪器仪表、测量方法，阴极保护系统有效性的判断指标，阴极保护系统维护程序，维护过程中经常遇到的问题及处理措施；对于受干扰的管道如何检测、分析判断干扰源，如何评估干扰的危害程度，如何排流改造以及验收进行了详细论述；同时，书中总结了150多道练习思考题，用于阴极保护人员的自我评估和培训评价。

本书可供管道阴极保护系统管理人员、工程技术人员及检测服务人员阅读使用，也可作为企业员工培训教材及大专院校相关专业的教学参考书。

图书在版编目（CIP）数据

阴极保护系统维护／冯洪臣主编. —北京：中国石化出版社，2019.1（2019.4 重印）
ISBN 978 - 7 - 5114 - 5100 - 2

Ⅰ.①阴… Ⅱ.①冯… Ⅲ.①阴极保护 - 设备 - 维修
Ⅳ.①TG174.41

中国版本图书馆 CIP 数据核字（2018）第 263311 号

中国石化出版社出版发行

地址：北京市朝阳区吉市口路 9 号
邮编：100020 电话：(010)59964500
发行部电话：(010)59964526
http://www.sinopec-press.com
E-mail:press@sinopec.com
北京科信印刷有限公司印刷
全国各地新华书店经销
*
880×1230 毫米 32 开本 6.5 印张 150 千字
2019 年 4 月第 1 版第 2 次印刷
定价:50.00 元

前　言

阴极保护是通过给被保护结构施加电流，使结构表面各点达到同一电位，结构表面都成为阴极区而进行腐蚀防护的技术。阴极保护在我国长输管道上的应用始于20世纪60年代初期，到目前为止，几乎所有输油气管道、储罐、海洋结构都施加了阴极保护。对于输水管道，混凝土钢筋码头的阴极保护也逐步展开。

阴极保护的应用，极大地延长了金属设施的使用寿命，降低了安全风险，具有重大的经济效益和社会效益。然而，阴极保护系统是否有效，不仅取决于正确的设计及正确的安装，更取决于正确的运行和维护。在工作实践中，有些阴极保护系统很完整却不能发挥应有的作用，设备容量闲置而管道保护不充分；一些阴极保护管理人员，对于阴极保护技术只知其然、不知其所以然，对于阴极保护准则也经常混淆概念，知道阴极保护指标的数值但不知道其含义。管道受地铁或高压直流输电系统单极工作干扰时，几十上百伏的管地电位读数中大部分是地表中的电位梯度，不代表施加到管道防腐层漏点上的电压有这么高。管地电位变化有时候是由地电位梯度造成的，并不意味着有杂散电流进入管道并对管道造成干扰。用通电电位评价直流杂散电流干扰程度或用管地电压评价传导型交流干扰程度，由于读数中含有参比电极与管道防腐层缺陷点之间的地电位梯度，使得读数都具有不确定性，不能作为评价干扰程度的依据。应该用试片的电流密度、试片通电电位来评价直流干扰的程度；用试片的交流电流密度或试片的交流电压来评价交流干扰的程度。应该研究试片电流（电位）控制的恒电位仪等。高铁对埋地管道的干扰主要为传导型，若沿用感应型干扰的排流措施会引入更多的交流电流，适得其反。

本书内容紧密联系实际，以实用为原则，以实际操作和应用为导向，力求用简明、通俗的语言阐述阴极保护原理以及阴极保护系统维护中遇到的问题、现象及处理措施，尽力做到内容通俗易懂，语言深入浅出，理论和实操兼顾。

本书由中国腐蚀与防护学会理事、阴极保护专家、高级工程师冯洪臣主编，参加编写的人员还有董华清、王芳、和宏伟、王瑞鹏、骆辉、邱政权、杨飞城、王飞、马书江、梁久龙等。

由于本书可参考借鉴的文献较少，多数是经验的总结，难免有局限性，敬请各使用单位及个人对本书提出宝贵意见和建议。如果该书的出版能对国内管道阴极保护行业管理进步有所帮助，将甚感欣慰。

目　　录

第一章 阴极保护原理及应用

第一节 腐蚀电池

一、腐蚀的定义

腐蚀是物质与环境发生反应，劣化变质的过程。腐蚀如此普遍，以至于人们对其发生和发展熟视无睹，习以为常。

二、腐蚀的发生

腐蚀是如何发生的呢？为什么一根完好的钢管埋入土壤中，几年后就会锈迹斑斑以至于穿孔报废？要回答这些问题，要从金属的前生后世来解释。如图 1-1 所示，以碳钢为例，它们在自然界中是以铁矿石的形态存在的。在人类把铁矿石转换成铁金属的

(a)碳钢的自然状态

(b)碳钢制成管道

图 1-1　碳钢在自然界中为矿石

过程中，施加了大量的热量给金属，也就是说，人们所看到的金属中，具有很高的能量。金属所具有的能量随金属种类的不同而有所差异。例如黄金，在自然界中，它是以金属单质的形式存在

（见图1-2），人类所要做的，只是把它从杂质里分离出来，所以施加给它的能量就很低。具有能量的物质都有将能量释放、回归自然低能的倾向。就好像将石头放到山顶，它随时会滚落到山下一样。

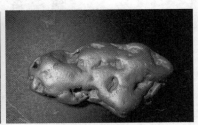

(a)黄金的自然状态   (b)黄金的成品状态

图1-2 黄金在自然界中为单质

金属为什么容易发生腐蚀？从热力学观点看，是因为金属处于不稳定状态，有与周围介质发生作用转变成金属离子的倾向。金属冶炼吸收能量，金属腐蚀释放能量。能量的差异是产生腐蚀反应的推动力，而腐蚀过程就是释放能量的过程。

三、金属电动序表

在阴极保护行业中，是以金属的电极电位来表征金属所具有的能量的。金属的电位越负，说明金属具有的能量越高，金属越活泼。如果将所有金属根据其电位的高低排列成一个表，称之为金属电动序表。

如表1-1所示，在金属电动序表中，是以饱和硫酸铜参比电极（CSE）为基准，测量各种金属在海水中的电位。

金属的电位可以用来判断金属的腐蚀倾向，金属的电位越负，越容易发生腐蚀。

表 1-1 金属电动序表

序号	金 属	电极电位
1	焦炭、石墨	0.30V
2	铂	0 ~ -0.1V
3	金属轧屑	-0.20V
4	高硅铸铁	-0.20V
5	铜	-0.20V
6	不锈钢	-0.20V
7	混凝土中低碳钢	-0.20V
8	铅	-0.50V
9	铸铁	-0.50V
10	低碳钢（生锈）	-0.20 ~ -0.50V
11	低碳钢（光亮）	-0.50 ~ -0.80V
12	纯铝	-0.80V
13	铝合金（5%Zn）	-1.05V
14	锌	-1.10V
15	镁合金（6%Al, 3%Zn, 0.15%Mn）	-1.55V
16	纯镁	-1.75V

四、腐蚀原理

1. 腐蚀电池的组成

如图 1-3 所示，腐蚀电池由以下部分组成：

（1）阳极：失去电子的化学反应为氧化反应，发生氧化反应的电极或金属部位为阳极，阳极发生腐蚀。

（2）阴极：得到电子的化学反应为还原反应，发生还原反应的电极或金属部位为阴极，阴极不腐蚀或腐蚀减缓。

（3）金属连接：连接阴极和阳极的金属导线（管道表面的

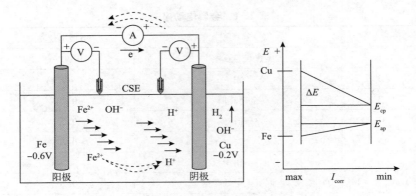

图 1 - 3 腐蚀电池的组成

阴、阳极由管道自身连接）。

（4）电解液：含有导电离子的液体。

2. 腐蚀发生的过程

在腐蚀电池中，电位较负的金属原子失去电子变成离子，金属离子进入电解液。电子带负电，沿金属导线向阴极流动，金属离子带正电，在电解液中向阴极流动。通常把正电荷流动的方向定义为电流的方向。

假设上述腐蚀电池中，电位较负的金属为铁，电位为 $-0.60V_{cse}$；电位较正的金属为铜，电位为 $-0.20V_{cse}$。铁原子变成铁离子进入溶液，并与溶液中的氢氧根离子结合成氢氧化铁，即腐蚀产物。电子沿金属导线到达阴极（铜）表面后，过量的电子将吸引溶液中的氢离子，氢离子得到电子生成氢原子进而生成氢气。

3. 阴极和阳极的电位变化

如图 1 - 4 所示，在腐蚀电池中，电位较负的金属为阳极，阳极失去电子。电子沿金属导线向阴极流动，正电荷（电流）在电解液中向阴极流动，由于电子流动速度大于离子流动速度，所以，滞留的正离子导致阳极电位正向偏移。电位较正的金属为阴极，阴极得到电子。从阳极流动过来的电子无法立即被溶液中的正离子消耗，导致电子积压，所以阴极电位负向偏移。电子和正离子都朝阴极方向流动，但所经路径不同，在

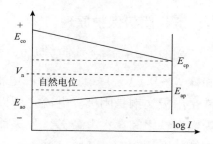

图 1-4 阴极和阳极电位变化

金属连线中，电子导电；在电解液中，离子导电；在阴、阳极和电解液接触面，氧化还原反应导电。在实际工作中，是通过测量金属的电位变化或电流方向来判断金属是阴极还是阳极，并把金属电位的偏移量定义为极化。

4. 阴极和阳极的化学反应

1）阴极化学反应

$$2H_2O + O_2 + 4e = 4OH^-$$

$$H^+ + e = H$$

$$2H = H_2$$

氢气的逸出导致阴极上氢氧根离子浓度增大，碱性增强，pH值增大。

2）阳极化学反应

$$M = M^+ + e$$

$$2H_2O = O_2 + 4H^+ + 4e$$

$$2Cl^- = Cl_2 + 2e$$

金属消耗或水分电解，当环境中有氯离子存在时，氯离子首先氧化生成氯气，阳极附近氢离子浓度增大，酸性增强，pH 值减小。

五、阴极保护原理

如图 1 − 5 所示，在最初的腐蚀电池中，比如铜（ − 0. 2V$_{cse}$）和铁（ − 0. 6V$_{cse}$）组成的腐蚀电池，电流自铁从溶液中流向铜，铁是阳极，铜是阴极。电流之所以自铁通过电解液流向铜，是因为铜和铁之间存在电位差。如果能让铜的电位负向偏移，直到铜和铁的电位相同，此时铁和铜之间将不再存在电位差，也就没有腐蚀电流，铁的腐蚀将停止。为了使铜的电位负向偏移，可以将更活泼（电位更负，比如镁 − 1. 55V$_{cse}$）的金属与铜连接，此时，电子自连接导线流向铜，电流自镁通过电解液流向铜，铜的电位将负向偏移，当铜的电位和铁的电位一致时，铁不再排放电流，腐蚀停止；继续给铜施加电流，当铜的电位比铁的电位更负时，铁开始吸收电流，也成为阴极。

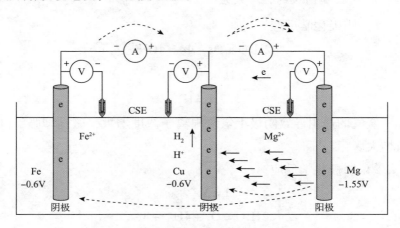

图 1 − 5　阴极保护原理

假设铁和铜是一个结构上的不同部位，此时整个结构都在吸收电流，都成为腐蚀电池中的阴极，所以该技术称为阴极保护。而后加的电位更负的金属成为新的阳极。事实上腐蚀并没停止，只是转移到新阳极上了。

阴极保护就是通过平衡金属表面各点的电位，使金属表面都成为阴极而进行腐蚀控制的技术，如图1-6所示，管道上原来的阴极和阳极都变成了阴极。而防腐层是通过隔离电解液，消除腐蚀电流通路来防腐的。

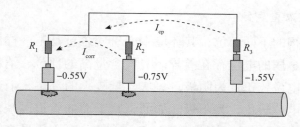

图1-6 外加电流使结构上原来的阴极和阳极电压平衡

第二节 管道阴极保护

一、埋地管道腐蚀原理

如图1-7所示，管道埋地后，由于金属自身结构的差异或环

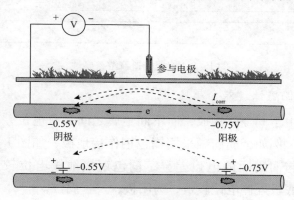

图1-7 埋地管道腐蚀原理

境的不同，例如土壤中含水量、含氧量、含盐量等因素的差异，导致金属的不同部位具有不同的电位。电位较负的部位为阳极，发生腐蚀；电位较正的部位为阴极，腐蚀减缓。在地表测量到的电位是多个阴极和阳极电位的综合电位值，称为金属的自然电位或腐蚀电位。

1. 氧浓差腐蚀

在结构的不同部位，其环境中的氧气含量是不一样的，导致不同部位金属的电位存在差异。氧气含量高的部位，消耗的电子多，金属电位较正，为阴极；氧气含量较少的部位，消耗的电子少，金属电位较负，为阳极。如沥青路下面的管道因缺氧，电位较负而成为阳极优先腐蚀（见图1-8）。土壤含盐量高、含水量大或透气性差、电阻率较低的部位，氧气含量相对较低，都会导致金属的电位偏负，成为腐蚀电池中的阳极而被腐蚀。

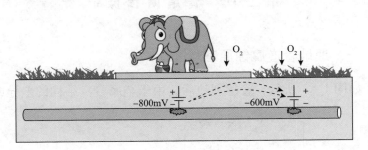

图1-8　埋地管道氧浓差腐蚀

2. 电偶腐蚀（双金属腐蚀）

结构由不同金属构成，而不同金属之间具有电位差，导致金属的腐蚀。例如金属储罐采用铜包钢作接地极，如图1-9所示，由于碳钢与铜之间的电位差异，铜包钢接地极电位较正，为阴极；储罐底板外侧电位较负，为阳极，发生腐蚀。

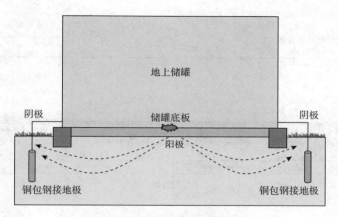

图1-9 储罐底板电偶腐蚀

如图1-10所示，站场内采用石墨接地模块作接地极，石墨的电位约为$0.3V_{cse}$，与碳钢相比电位较正为阴极，站内管道以及连接接地极的扁钢为阳极，发生腐蚀。

图1-10 石墨接地模块电偶腐蚀

3. 杂散电流腐蚀

如图1-11所示，机车移动时，由于铁轨与道基不可能做到完全绝缘，一部分电流从铁轨流入到土壤中，沿土壤流向牵引站负极。把沿规定路径之外的途径流动的电流定义为杂散电流。当电流进入附近的管道后，沿管道流动一段距离并从靠近牵引站位置离开管道进入土壤。当电流从金属流入电解液时，发生氧化反应，该处金属是阳极，将发生腐蚀。

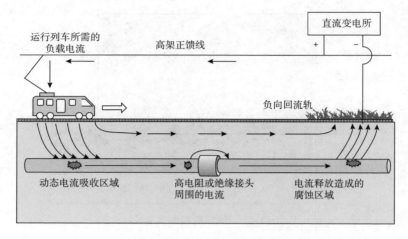

图 1 – 11　杂散电流腐蚀

二、管道阴极保护方式

当电流流出金属进入电解液时，金属是阳极，会发生腐蚀。如果采取措施，让电流始终流入金属，这时金属是阴极，将不再腐蚀或腐蚀减缓。

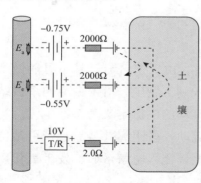

图 1 – 12　阴极保护等效电路

如图 1 – 12 所示，在没有外部电源时，管道表面存在电位的差异，在电位较负的位置（阳极），电流流出管道，在电解液中流向电位较正的部位（阴极），电位较负的位置为阳极，发生腐蚀。施加外部电流后，外部电流最开始时流向管道表面电位较正的部位（阴极），随着电流的流入，该部位电位负向偏移，从管道阳极部位流过来的电流逐步减小，随着阴极电位的负向偏移，从阳极流过来的电流最后为零。当外部施加的电流足够大时，电流将通过原来金属表面的阴极部位和阳极部位全部流入金属管道，金属表面各点都成为吸流点，都成为阴极，得到了阴极保护。由该等效电路图可以看出，当管道同时受牺牲阳极和外加电流阴极保护时，只有当管地电位比牺牲阳极开路电位更负时（测量管地电位时，参比电极位于阳极位置），牺牲阳极才开始漏失阴极保护电流。

为迫使阴极保护电流从电解液（土壤）流向管道，使管道成为阴极，主要采用牺牲阳极阴极保护和外加电流阴极保护两种方式。

第三节 牺牲阳极阴极保护

一、阴极保护技术发展历史

阴极保护技术的应用已经有将近 200 年的历史。该技术最初用来保护船只，后来发展到保护埋地管道，如今很多和土壤接触的金属都采用了阴极保护，如桥梁钢筋、原油储罐、热交换器等。我国对埋地管道的阴极保护始于 1962 年的克拉玛依至独山子输油管道，该管道已经运行了将近 60 年，目前仍在运营。

阴极保护和防腐层相结合，是最为经济有效的腐蚀控制措施。防腐层是腐蚀控制的第一道防线，阴极保护为防腐层缺陷点提供保护。在大气中，防腐层是腐蚀控制的唯一措施。随着技术的进步，阴极保护将向自动监测、自动控制的方向发展，将来的管道也必将更为智能化。阴极保护技术的进步及管理水平的提高，将保证管道更为安全可靠地运营。

二、牺牲阳极阴极保护原理

如图1-13所示，将电位更负的金属（牺牲阳极）与管道连接，电子沿金属连接线自阳极流向被保护结构，被保护结构电位负向偏移。电流自阳极通过土壤流向被保护结构。当施加的电流足够大时，没有电流离开被保护结构表面流入土壤，被保护结构纯吸收电流，为阴极而得到保护。

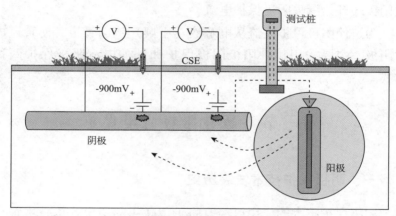

图1-13 牺牲阳极阴极保护原理

三、牺牲阳极阴极保护特点及适用领域

（1）应用灵活、易于安装、维护简单，不需要电源，不会产生腐蚀干扰。

（2）仅用于需求电流小的场合（一般小于1.0A）。

（3）驱动电压低，仅用于低土壤电阻率环境（小于$50\Omega \cdot m$，一般不超过$100\Omega \cdot m$）。

（4）阳极效率低，浪费大，性价比差。

四、牺牲阳极用量的计算

根据法拉第第一定律，如果知道阳极的输出电流、环境特点及设计寿命，可以计算阳极的用量。

$$W = \frac{I \times t \times 8766}{U \times Z \times Q}$$

式中　W——阳极质量，kg；

　　　I——电流输出，A；

　　　t——设计寿命，a；

　　　U——利用系数，0.85；

　　　Z——理论电容量，A·h/kg；

　　　Q——理论阳极效率。

公式中，理论电容量 Z 与理论阳极效率 Q 的乘积为实际电容量。

五、镁牺牲阳极

到目前为止，能够为碳钢结构提供阴极保护的材料主要有三种，分别是镁、锌、铝。这些阳极各有特点，适用于不同的领域和环境。

1. 镁阳极的电气性能

（1）理论阳极效率 Q：0.5，受阳极表面电流密度影响还会更低；

（2）理论电容量 Z：2200 A·h/kg，实际电容量可根据阳极表面电流密度从曲线中查到（见图 1-14）；

（3）利用系数 U：85%；

（4）开路电位（阳极与被保护结构断开时测量的阳极电位）：

①高电位：$-1.75V_{cse}$；

②低电位：－1.55V$_{cse}$。

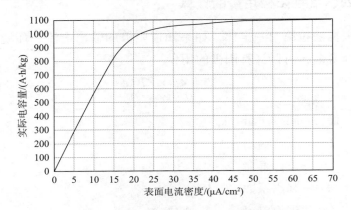

图1-14　镁阳极实际电容量与表面电流密度关系

2. 镁阳极的应用

镁阳极适用于土壤电阻率小于 50Ω·m 的土壤和淡水中金属构件的保护，但电阻率最大不宜超过 100Ω·m。

根据工程要求的不同，镁阳极可以分为铸造型（块状）和挤压型（镁带）两种型式，如图1-15所示。

(a)铸造型　　　　　　　　　　(b)挤压型

图1-15　镁阳极型式

六、锌牺牲阳极

1. 锌阳极的电气性能

（1）理论阳极效率 Q：0.9；

（2）理论电容量 Z：827A·h/kg；

（3）利用系数 U：85%；

（4）开路电位：$-1.10V_{cse}$；

（5）环境温度：<49℃（不适于碳酸盐及富氧环境）。

2. 锌阳极的应用

锌阳极与钢铁之间的电位差约为 0.25V，电位差比较小，所以一般仅用于土壤电阻率小于 15Ω·m 的土壤或海水中，电阻率最大不宜超过 50Ω·m。也可以用作接地电池或接地极。不论是块状还是带状锌阳极，都要放到填料中。

根据工程要求的不同，锌阳极可以分为铸造型（块状）和挤压型（锌带）两种型式，如图 1-16 所示。

(a)铸造型　　　　　　　(b)挤压型

图 1-16　锌阳极型式

七、铝牺牲阳极

1. 铝阳极的电气性能

（1）理论阳极效率 Q：0.9；

（2）理论电容量 Z：2500 A·h/kg；

（3）利用系数 U：85%；

（4）开路电位：-1.05V_{cse}。

2. 铝阳极的应用

理论阳极效率受阳极表面电流密度影响。使用铝阳极的环境必须含有一定的氯离子，氯离子含量需大于 11550ppm（1ppm = 10^{-6}），约为海水中氯离子含量的 33%，铝阳极不能用在淡水及土壤中。铝阳极主要用于海洋结构、船舶、码头、桥梁钢筋及原油储罐内壁保护，如图 1-17 所示。

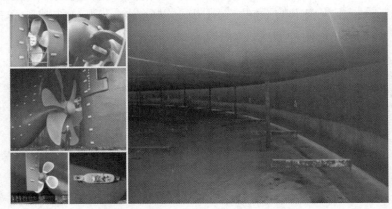

图 1-17 铝阳极安装

八、牺牲阳极填包料

1. 回填料的成分

（1）石膏粉：75% $CaSO_4 + 2H_2O$；

（2）膨润土：20%；

（3）硫酸钠：5%。

2. 回填料的作用

（1）如果直接将阳极埋设在土壤中，由于土壤成分的不同，会加剧阳极的自身腐蚀，并使阳极消耗不均匀。

（2）填料可以吸收、保持水分，降低阳极接地电阻，提高阳极效率，保证阳极表面均匀消耗。

（3）填料提供大量的硫酸根离子，生成溶于水的硫化物，阳极腐蚀产物可以随水分离开阳极表面，避免形成高阻膜附着在阳极表面。

九、牺牲阳极的安装

（1）牺牲阳极要通过测试桩与管道连接，以便于日后的管理。牺牲阳极与管道直连，会给日后的牺牲阳极性能测量、管道断电电位测量、防腐层检漏以及杂散电流控制带来困难。

（2）阳极沿被保护结构分布，一般水平或竖直安装，埋设在冻土层以下。对于管道的阴极保护，阳极一般与管道底部平齐，如图1-18所示。

（3）管道防腐层良好时，水平安装、竖直安装以及是否靠近管道安装区别不大。几支阳极可以成组安装，通过测试桩与管道连接。

（4）在水环境下安装阳极时，其分布要尽量均匀，将其焊接

(a)管道阴极保护　　　　　　(b)储罐底板外侧阴极保护

(c)带状阳极回填料　　　　　　(d)带状阳极电缆连接

图1-18　牺牲阳极的安装

或铆接在被保护结构上。

（5）预包装牺牲阳极时，应使阳极基本上处于填包料的中央位置，注意运输造成的错位。预包装牺牲阳极入坑后应浸水50min以上。

第四节　外加电流阴极保护

一、外加电流阴极保护原理

如图1-19所示，外加电流阴极保护系统是利用外部电源将交流电整流成直流电，电流从电源正极通过阳极地床进入土壤，再从土壤中流向被保护结构，被保护结构吸收电流后，电流沿阴极线回到电源负极，被保护结构成为阴极而得到保护。

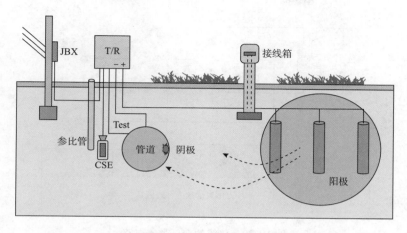

图 1-19 外加电流阴极保护原理

二、外加电流阴极保护电源

阴极保护电源多数为变压整流装置，可以根据实际需求，实现恒电压、恒电流、恒电位输出模式，电源输入输出端装有防雷设施，设备本身具有防过载能力。

1. 传统的变压整流电源

如图 1-20 所示，传统的变压整流电源由变压器、整流器及滤波电路组成，通过调节整流电路的触头或二极管的导通时间调节输出电压，具有体积大、重量大、结构简单可靠、维修方便的特点。万用表测量到的电压为削峰填谷后的电压平均值，即有效值。

2. 开关电源变压整流器

如图 1-21 所示，开关电源型变压整流器是通过调制交流电频率，使之增大到 25kHz，降低了变压器的尺寸和重量，效率高，输出更加平稳。通过调节调频开关的占空比调节输出电压。滤波

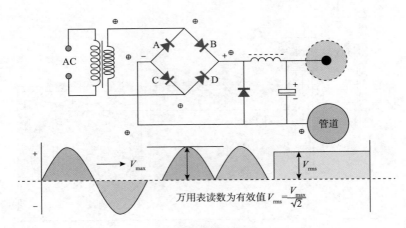

图 1-20 传统的变压整流电路

电路相当于储水罐，脉冲进来的电流相当于水流，调节水流的脉冲峰值或脉冲间隔，可调节入罐的水量，而储水罐的出水孔将根据入罐水量保持相应的水压。

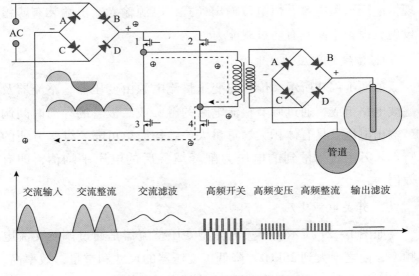

图 1-21 开关电源变压整流电路

3. 其他电源

如图 1 - 22 所示，在没有电源但日照充足的地区可以采用光伏电池，在风力强劲的地区可以采用风力发电设备，输气管道可以采用热电发生器等。

图 1 - 22 阴极保护电源

三、外加电流阴极保护辅助阳极

任何导电材料都可以作为外加电流阴极保护辅助阳极（又称为阳极地床），考虑到经济性及使用寿命，多选用耐腐蚀的材料作为阳极材料。目前普遍采用的阳极材料多为高硅铸铁阳极材料（见图1 - 23），或混合金属氧化物（Mixed Metal Oxide，MMO）阳极材料。

1. 高硅铸铁阳极

（1）高硅铸铁阳极价格便宜，已经使用了几十年，可应用于

(a)预填包阳极　　　　　　　　(b)裸硅铁阳极

图 1 – 23　高硅铸铁阳极

各种环境，具有良好的使用记录。

（2）阳极消耗率：≤0.45kg/A·a；工作电流：10A/m²；单支阳极（50mm×1500mm）输出电流一般不超过2A。

（3）引线与阳极之间的接触电阻应小于0.01Ω；接头密封可靠。

（4）阳极表面无明显缺陷，为了方便现场安装，可以在工厂内预填包。

2. 混合金属氧化物（MMO）阳极

它是将贵金属（稀土）氧化膜烧制在钛基材上制成。如图1–24所示，由于钛金属的易加工性，MMO 阳极可以制成棒状、筒状、丝状、网状等。该阳极具有重量轻、体积小、消耗低等特点，腐蚀电位约为 $0.1V_{cse}$ 左右。氧化膜损坏后，暴露的钛基材会生成不导电的氧化膜，加在该氧化膜上的电压一般不会超过 2V，没必要担心氧化膜的击穿问题。

（1）工作电流密度：土壤及淡水为100A/m²；海水为500A/m²。

（2）氧化膜消耗率：<1.0mg/A·a。

3. 线性阳极（柔性阳极）

线性阳极，俗称柔性阳极，通常分为两种：一种是导电聚合物阳极，即将电缆绝缘层加入碳粉，制成可以漏电的电缆；另一种是用 MMO 丝状阳极和普通电缆及碳填料制成的线性阳极。

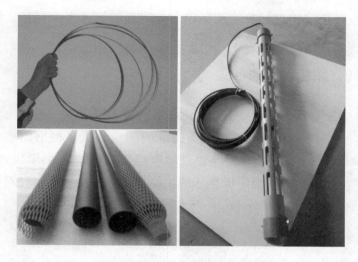

图 1-24 混合金属氧化物阳极

MMO 阳极丝每隔 3~5m 与电缆进行一次连接，电缆线中的电流通过 MMO 丝状阳极及碳粉传导到周围的土壤中，如图 1-25 所

(b)线性阳极安装

图 1-25 线性阳极

示。线性阳极沿被保护管道铺设，为附近的管道提供保护。线性阳极主要应用于站场管道或储罐底板外侧的阴极保护。

四、阳极地床的形式

1. 浅埋阳极地床

浅埋阳极地床是指埋深小于 4m 的阳极地床。根据阳极安装形式的不同，可以分为浅埋竖直阳极地床和浅埋水平阳极地床，如图1-26所示。浅埋阳极地床施工简单，造价低，但容易对附近的埋地设施产生腐蚀干扰。

图1-26 浅埋阳极地床安装

2. 深井阳极地床

深井阳极地床是指埋深大于 15m 的阳极地床，如图 1-27所示。该形式阳极适用于地表空间狭小、地表土壤电阻率高或管网密集的环境。其优点是电流分布均匀，缺点是造价高，一旦出现故障难以修复。当地下水位较高时，宜采用开孔深井阳极地床。

图 1 - 27　深井阳极地床安装

五、电缆线的连接

1. 铝热焊焊接（见图 1 - 28）

图 1 - 28　铝热焊焊接

（1）将管道表面焊接处打磨干净，将电缆线芯压在模具下；

（2）将模具中填满焊药（氧化铜及铝粉混合物），用点火装置引燃；

（3）化学反应热将使熔化的铜覆盖在铜电缆芯上，将电缆焊接在管道上；

（4）每次焊接用药量不超过 15g，电缆线面积大于 $25mm^2$ 时，可以分成多股，单独焊接。

2. 铜焊焊接

利用电阻焊将电缆线铜鼻子焊接在管道上。铜焊焊接温度低，不会影响高强钢的金属结构，如图 1-29 所示。

图 1-29　铜焊焊接

3. 电缆密封

如图 1-30 所示，电缆与管道之间的连接点要严格密封。阳极电缆线铜芯如果和土壤接触，电流将从铜芯排放到土壤，电缆铜芯为阳极，电缆线将很快腐蚀断开。

图 1 - 30 阳极电缆连接及密封

六、外加电流阴极保护碳粉回填料

碳粉增大了阳极与土壤的接触面积，从而降低了地床接地电阻，减小了憎水效应，将阳极电极反应转移到填料与土壤之间进行，延长了阳极的使用寿命，且填料有助于消除气体堵塞，如图 1 - 31 所示。

图 1 - 31 碳粉回填料

第二章 阴极保护有效性评价

第一节 阴极保护指标

一、管道表面的阴极和阳极

管道埋地后，受管道沿线土壤性质及环境差异的影响，管道表面各点电位存在差异。电位较负的位置为阳极，发生腐蚀；电位较正的部位为阴极，腐蚀得到抑制。阴极和阳极之间的电流称为腐蚀电流。

二、阴极保护指标

如图2-1所示，在管道表面众多阳极中，总会有一个位置，这里的电位最负。如果能够让其他部位的电位负向偏移，都达到该电位，则管道表面各点之间将没有电位差，没有阳极，不再有腐蚀电流。通常把金属表面最负的阳极电位定义为阴极保护最小保护指标。

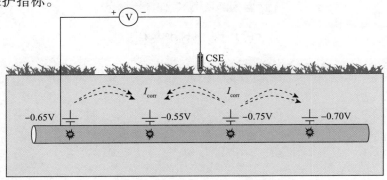

图2-1 管道表面的阴极和阳极

由于管道埋地后，各部位的电位都要发生变化（极化），如图2-2所示，所以从地表无法测量到某个阳极或某个阴极的电位，能够测量到的是很多阴极和阳极的综合电位，称之为自然电位或腐蚀电位。

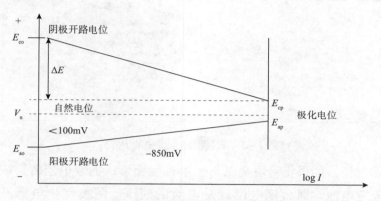

图2-2 管道表面阴极和阳极电位的变化

经过多年的研究与实践，发现碳钢结构不论在何种环境下，最负的阳极电位不会比 $-0.85V_{cse}$ 更负，所以把 $-0.85V_{cse}$ 定义为碳钢结构的最小保护电位。通过研究还发现，金属的自然电位和其最负的阳极电位之间的差值小于100mV，也就是说，从自然电位的基础上，电位负向偏移100mV，结构的电位就已经比最负的阳极电位还负。所以，100mV 阴极极化指标也是工程上经常采用的最小阴极保护指标。一般情况下，满足100mV 阴极极化指标需要的电流要小于满足 $-850mV_{cse}$ 最小指标所需要的电流量。

三、管地电位测量回路中土壤的 IR 降

在管地电位测量过程中，经常是把参比电极放在地表面，通过测试桩测量管道的电位，如图2-3所示。

管道埋地后，在阴极保护电源开启之前测量到的管地电位为

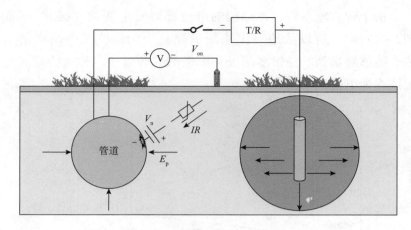

图 2 - 3　测量回路土壤中的 *IR* 降

自然电位。如果将管道金属与土壤接触面形成的双电层假设成一个充电电池，那么该电位就是电池的残压。阴极保护电源开启后，电流经土壤流向管道，给该电池充电，该电池电压也会逐步增大，电池充满电后的电压称为极化电位。极化电位和自然电位之间的差值称为极化或极化偏移。

由于阴极保护电流在向管道流动过程中会经过土壤，而土壤具有电阻，把阴极保护电流在土壤中产生的电压降定义为 *IR* 降。电压表的电压读数为通电电位，含有土壤中的电压降（*IR* 降）和极化电位。为了消除通电电位中的 *IR* 降，通常采用瞬时断电的方式。断电瞬间，由于电流为零，则 *IR* 降也为零，把此时读到的电位称为瞬时断电电位，数值上等于极化电位。

四、管地电位测量回路中导线的 *IR* 降

如果测量导线中有电流流动，如图 2 - 4 所示，也会给测量的电位带来误差。众所周知，恒电位仪面板上的阴极线和零位接阴线都是连接管道的，既然都是连接管道，为什么不能把阴

极线作为测量线呢？就是因为阴极线中有电流流动，会给测量结果带来误差。

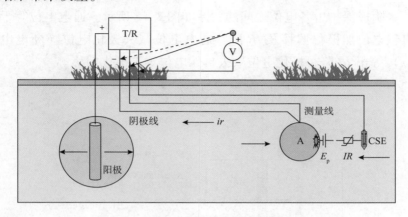

图 2 - 4　测量路导线中的 *IR* 降

假设恒电位仪输出电压为 8V，输出电流为 3A，在零位接阴与参比电极之间测量到的管地电位为 $-1350\text{mV}_{\text{cse}}$，在阴极电缆与参比电极之间测量到的电位是 $-1800\text{mV}_{\text{cse}}$，铜芯电缆截面积为 16mm^2，计算阴极电缆的长度是多少？

阴极电缆上测量到的电位与零位接阴电缆测量到的管地电位差值 450mV 是由阴极电缆上的电压降造成的。已经知道了阴极电缆的电压降和电流，可以计算阴极电缆的电阻值，又知道阴极电缆的截面积，根据公式 $R = \rho \dfrac{L}{A}$（铜的电阻率为 $1.72 \times 10^{-6}\ \Omega \cdot \text{cm}$）很容易计算出阴极电缆线的长度是 139m。

所以，当电缆线中有电流流动时，不能作为电位测量线，如牺牲阳极与管道的连线以及管道之间的均压线（跨接线），如果将它们作为管地电位测量线，将会给测量结果带来误差。

五、管地电位之间的关系

阴极保护中各电位之间的关系如图 2 - 5 所示。通电电位等于自然电位加极化偏移及 IR 降。通电电位减去极化电位（断电电位）等于 IR 降，极化电位减去自然电位等于极化偏移。

$$V_{on}=V_n+\Delta E+IR；\quad V_{on}-V_{off}=IR；\quad V_{off}-V_n=\Delta E$$

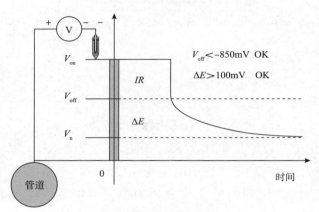

(a)各电位关系示意图

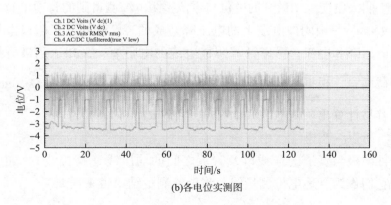

(b)各电位实测图

图 2 - 5　阴极保护中各电位之间的关系

六、防腐层漏点 *IR* 降范围

如图 2 - 6 所示，95% 的 *IR* 降发生在 10 倍的漏点直径范围之内，所以，通常的近参比法不会减小通电电位读数中的 *IR* 降。只有当参比电极靠近防腐层缺陷点时，才能有效地减小土壤中 *IR* 降。与参比电极之间电阻最小或电位更高的防腐层缺陷点对电压表读数影响最大。

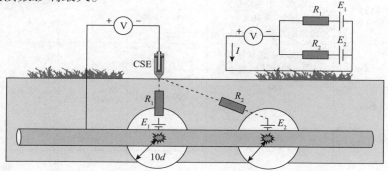

图 2 - 6　*IR* 降的分布范围

第 二 节　阴 极 保 护 规 范 规 定 指 标

一、GB/T 21448 关于阴极保护指标的规定

阴极保护指标见表 2 - 1。

表 2 - 1　阴极保护指标

金属或合金	环境条件	典型的自然电位 E_n/mV_{cse}	最小保护电位 E_p/mV_{cse}	最大保护电位 E_{limit}/mV_{cse}
碳钢、低合金钢或铸铁	除下述环境外，其他所有土壤和埋地环境	- 650 ~ - 400	- 850	a
	土壤或水的温度 40℃ < T < 60℃	—	b	a

续表

金属或合金	环境条件	典型的自然电位 E_n/mV_{cse}	最小保护电位 E_p/mV_{cse}	最大保护电位 E_{limit}/mV_{cse}
碳钢、低合金钢或铸铁	土壤或水的温度 $T>60℃$ [c]	$-800 \sim -500$	-950	a
	土壤或水中含氧充分 温度 $T<40℃$ 土壤电阻率 $100\Omega \cdot m < \rho < 1000\Omega \cdot m$	$-500 \sim -300$	-750	a
	土壤或水中含氧充分 温度 $T<40℃$ 土壤电阻率 $\rho > 1000\Omega \cdot m$	$-400 \sim -200$	-650	a
	土壤或水中含氧量低，具有硫酸盐还原菌活动	$-800 \sim -650$	-950	a
奥氏体不锈钢 耐蚀系数 <40	环境温度下中性或碱性土壤或水	$-100 \sim +200$	-500	d
奥氏体不锈钢 耐蚀系数 >40		$-100 \sim +200$	-300	—
马氏体或奥氏-铁素体（双相)不锈钢		$-100 \sim +200$	-500	d
不锈钢	环境温度下酸性土壤或水	$-100 \sim +200$	e	d
铜	环境温度下土壤或水	$-200 \sim 0.00$	-200	—
镀锌钢		$-1100 \sim 0.00$	-1200	—

所有电位都不含 IR 降，相对于饱和硫酸铜参比电极（CSE）的电位，参比电极电位 $E_{Cu} = E_H - 0.316V$。

在结构运营期间，要考虑结构环境电阻率的变化。保护电位为金属腐蚀率低于 $0.01mm/a$ 的保护电位。

a 为避免氢脆，对屈服强度超过 550N/mm² （X80 及以上）的高强低合金钢和非金属钢，应由文献证明或通过实验确定最大保护电位（极限电位）。

b 当温度处于 $40 \sim 60℃$ 之间时，根据40℃时的电位和60℃时的电位线性延伸确定。

c 随着温度的提高，高 pH 应力腐蚀开裂风险增大。

d 在有马氏体或铁素体（由于硬化）存在时，应由文献证明或通过实验确定氢致开裂的风险。

e 由文献或实验确定。

为了防止对防腐层造成破坏，最大保护电位不得负于 $-1200mV_{cse}$。

如果无法达到表 2 – 1 中给出的指标，可采用 100mV 阴极极化指标。当温度高于 40℃，在存在硫酸盐还原菌的土壤中，有干扰电流、平衡电流、地磁电流存在的情况下，当管道与其他混合金属连接或存在混合金属结构（如站内接地极为石墨接地模块或铜包钢）时，不能应用 100mV 指标。当管道与较活波的金属连接时，如锌包钢接地极或镀锌扁钢接地极，只能使用该指标。

二、其他标准对阴极保护最大、最小指标的规定

各国规范最小和最大阴极保护指标分别见表 2 – 2 和表 2 – 3。

表 2 – 2 各国规范最小阴极保护指标

环　　境	最小保护电位（CSE）				
	GB/T 21448—2017	ISO 15589 –1—2015	NACE RP0169—2013	P 51164—1998	DIN 30676—1985
埋地或浸水管道	– 850mV	– 850mV	– 850mV	– 850mV	– 850mV
存在硫酸盐还原菌环境	– 950mV	– 950mV	– 950mV	– 950mV	– 950mV
温度低于 5℃	—	—	—	– 800mV	—
土壤电阻率 100 ~ 1000Ω · m >1000Ω · m	– 750mV – 650mV	– 750mV – 650mV	– 750mV – 650mV	—	—

表 2 – 3 各国规范最大阴极保护指标

环　　境	最大保护电位（CSE）				
	GB/T 21448—2017	ISO 15589—2015	AS 2832.1—2015	P 51164—1998（588N/mm²）	BS PD8010—2015
考虑防腐层剥离	– 1200mV	– 1200mV	– 1200mV	—	—
考虑到氢致开裂	—	—	—	– 1100mV	– 1150mV

续表

环　境	最大保护电位（CSE）		
	PRCI Report	EN 12954—2001	ГОСТ 9. 602—2005
考虑到氢致开裂	− 1100mV	− 1100mV	− 1150mV

注：（1）GB/T 21448—2017、ISO 15589—2015 对于高强钢（X80）550N/mm^2 的最大保护电位没有明确。但为避免防腐层剥离，最大保护电位不低于 − 1. 2V$_{cse}$。

（2）俄罗斯标准（P51164—1998）规定强度高于 588N/mm^2 的管道，最大保护电位为 − 1. 1V$_{cse}$。

（3）BS PD8010—2015（陆上钢制管道规范）考虑到焊缝位置金属的硬化以及潜在的氢脆，最大保护电位不低于 − 1. 15V$_{cse}$。

第三节　阴极保护过保护及危害

一、防腐层阴极剥离

防腐层和阴极保护相结合是最经济有效的腐蚀控制措施，防腐层的存在，减小了阴极保护电流的需求，阴极保护减缓了防腐层破损点的腐蚀。阴极保护电流不足时，腐蚀得不到有效控制，但阴极保护电流太大时，又导致过保护。

阴极反应导致管道防腐层缺陷点附近碱性增强。多数有机黏结剂在碱性环境中容易老化失黏，导致防腐层剥离，即阴极剥离。

二、管体氢致开裂

如图 2 − 7 所示，阴极反应产生氢原子，由于氢原子体积小，可以在金属中自由移动。由于合金元素的存在，高强钢中具有空穴或位错，氢原子容易滞留。当滞留的氢原子结合成氢气后，体积膨胀，难以继续移动。当累计的氢气压力过高时，将导致金属鼓包或开裂，称之为氢致开裂。

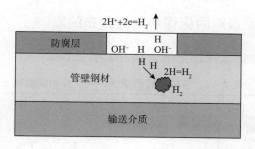

图 2-7　氢致开裂示意图

三、过保护判断指标

　　判断阴极保护是欠保护还是过保护，判断指标是管道的断电电位，不能以通电电位来判断，因为通电电位中含有 *IR* 降。阴极保护电源（如恒电位仪）显示的是通电电位，只要断电电位不超标，通电电位多大都没关系。尽管实验室的实验证明了氢致开裂现象，但工程实践中几乎没有发现氢致开裂的案例。因此，对于氢致开裂没必要过度担心，尤其是 X80 以下的钢制管道，不需要考虑氢致开裂问题。

　　工程上常见的 3LPE 防腐层剥离现象，如图 2-8 所示，是由于工厂涂覆时质量没有控制好造成的，与阴极保护没有关系。防腐层阴极剥离的前提是水的存在，而剥离的涂层下面没有水，由于防腐层并没有破损，阴极保护电流也无法到

图 2-8　3LPE 防腐层的剥离

达，所以不可能有氢氧根离子生成而导致环境碱性化。

四、各因素对阴极保护电流分布的影响

各因素对阴极保护电流分布的影响见表2-4。

表2-4　各因素对阴极保护电流分布的影响

因　　素	阴极保护电流的分布
土壤电阻率增大	更均匀
土壤电阻率减小	不均匀
结构物自身电阻增大	不均匀
结构物自身电阻减小	更均匀
涂层质量好	更均匀
涂层质量差	不均匀

第三章 阴极保护测量技术

第一节 测量用仪表及工具

一、测量仪表的要求

1. 数字万用表（见图3-1）

数字万用表输入阻抗大于 $10M\Omega$，仪表应满足测试要求的精度和显示速度；携带方便，耗电小，坚固耐震，按国家有关规定进行校验，也可以通过测量纽扣电池的电压自己校对万用表。

2. 饱和硫酸铜/铜参比电极（见图3-2）

硫酸铜参比电极要保持清洁。液体呈天蓝色，有晶体析出、液体浑浊时要及时更换。使用一段时间后要进行校对。

图3-1 数字万用表

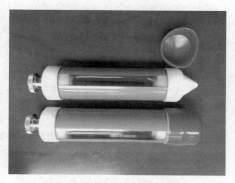

图3-2 便携式饱和硫酸铜参比电极

3. 测量导线

宜采用2.5mm²、长度2m、两端带鳄鱼夹的铜芯绝缘软线。

二、影响硫酸铜参比电极精度的因素

（1）硫酸铜溶液饱和程度、氯离子污染硫酸铜溶液、参比电极受阳光直射、环境温度低于25℃，这些因素均将导致硫酸铜参比电极相对于氢电极电位负向偏移，测量到的管地电位比实际值偏正，如图3-3所示。

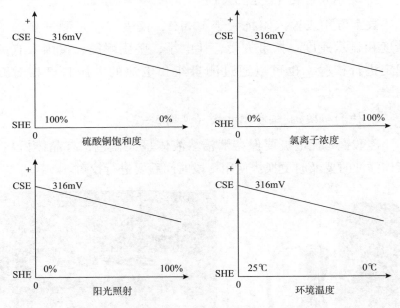

图3-3　各因素对硫酸铜参比电极电位的影响

（2）硫酸铜含量从10%开始，每降低10倍，电位负向偏移20mV。氯化物的浓度为0.5%时，参比电极电位负向偏移20mV；氯化物浓度为1%时，电位负向偏移达到95mV。氯离子浓度及硫酸铜饱和度对硫酸铜参比电极电位的影响如图3-4所示。

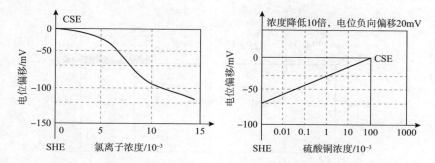

图 3 - 4　氯离子浓度及硫酸铜饱和度对硫酸铜参比电极电位的影响

三、参比电极及相互关系

1. 各参比电极适用环境

（1）标准氢电极（Standard Hydrogen Electrode，SHE）：实验室使用；

（2）铜/饱和硫酸铜电极（Copper-Copper Sulfate Electrode，CSE）：适用于土壤与淡水环境；

（3）饱和甘汞电极（Saturated Calomel Electrode，SCE）：实验室使用；

（4）饱和氯化银电极（Silver-Silver Chloride Electrode，SSC）：适用于海水环境；

（5）锌电极（Zinc Reference Electrode，ZRE）：埋地（预填包）或海水中使用。

2. 各参比电极电位关系

饱和硫酸铜参比电极比标准氢电极电位正 316mV，饱和氯化银参比电极比标准氢电极电位正 250mV，饱和甘汞参比电极比标准氢电极电位正 241mV，锌参比电极比标准氢电极电位负 800mV，如图3 - 5所示。

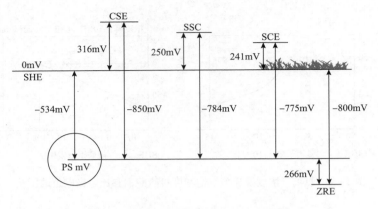

图 3 - 5　各参比电极之间的电位关系

3. 参比电极的校对

应保留一支参比电极，用它作为标准参比电极对现场用的参比电极进行校对。也可以用饱和甘汞参比电极对现场参比电极进行校对。用硫酸铜参比电极进行校对时，将两支参比电极同时放入盛水的塑料盆中，测量参比电极之间的电位差，电位差值应小于 5mV。现场校对时，应将两只参比电极尽量靠近，测量它们之间的电位差，如图 3 - 6 所示。

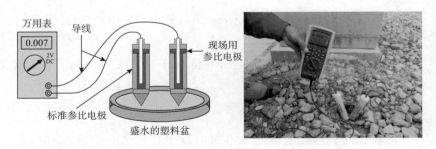

图 3 - 6　参比电极的校对

第二节　管地电位测量

一、管道自然电位测量

　　管道埋地后，阴极保护电源开启之前测量的管地电位为管道的自然电位。测量时，电压表黑表笔连接参比电极，红表笔连接管道测试线，电压读数为管道自然电位，如图3-7所示。

　　如果地表干燥，应当浇水湿润。如果参比电极在沥

图3-7　管地电位测量

青路面、水泥路面上或土壤结冻，应该钻孔，浇水与下方土壤接触。

　　管道自然电位应在 $-200 \sim -800\text{mV}_{cse}$ 之间，如果自然电位数值超出该范围，应调查管道是否受到杂散电流干扰。当管道受到交流干扰且沿线装有直流去耦合器或极性排流器时，应将其与管道的连接断开，将恒电位仪阴、阳极电缆线与设备断开，然后再测量自然电位。如图3-8所示，阴极保护电源整流滤波电路中的二极管对交流电压有整流作用，交流电压正半周二极管导通，电流经二极管流到阳极地床，并从阳极地床流到土壤，再流回到管道上；交流电负半周二极管截止，电流只能通过管道防腐层缺陷点流到管道上，给管道施加半波整流的直流电，导致管地电位负向偏移，如图3-9所示。所以，当管道受到交流干扰时，测量自然电位之前要拆掉阴极保护电源的阴极线。

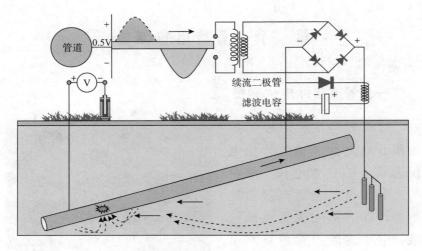

图 3 – 8　阴极保护电源整流作用

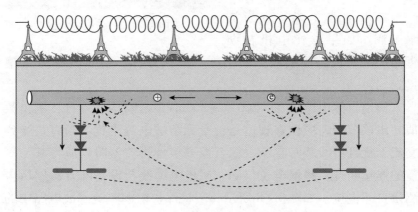

图 3 – 9　半波整流电流流向管道

　　随着工业的发展以及用电设施的增多，大地中的杂散电流越来越多，越来越复杂，很多情况下，难以测量到真正的管道自然电位。

二、管道通电电位测量

（1）通电电位中含有 *IR* 降。

将阴极保护电源开启 24h，沿线测量的管地电位为管道的通电电位，如图 3 – 10 所示。通电电位读数中含有土壤中的电压降，即 *IR* 降。当参比电极远离管道或靠近阳极地床时，电压读数中含有更大的 *IR* 降。将参比电极放置在管道一侧测量的管地电位要比将参比电极放在管道正上方测量的管地电位更负。如果管道有杂散电流排放，管道正上方的电位会更负。通电电位受多方面因素影响，只能用来评估阴极保护系统的工作状况，不能用来评价阴极保护的有效性。

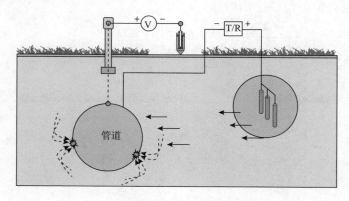

图 3 – 10　管道通电电位测量

（2）参比电极远离管道，*IR* 降增大，通电电位更负，如图 3 – 11所示。

（3）参比电极靠近阳极地床，*IR* 降增大，通电电位更负，如图 3 – 12 所示。

例如站场区域保护时，如果采用分布式阳极，参比电极与阳极地床的距离直接影响通电电位的数值，很难做到通电电位的均

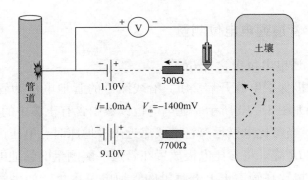

图 3 – 11　参比电极位置对管地电位测量影响

衡。又如储罐底板外侧保护时，如果参比电极靠近阳极带或线性阳极，参比电极将处于阳极电压场中，电位得到抬升，电位读数有时接近恒电位仪输出电压。

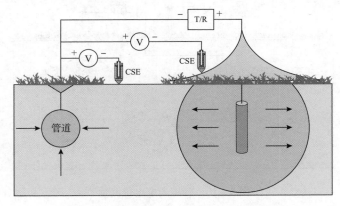

图 3 – 12　阳极电压场对管地电位测量的影响

三、管道断电电位测量

1. 影响管地电位的电源要同步通断

测量管道断电电位时，所有影响该点管地电位的电源都要同步通断，尤其是那些输出电流比较大、影响范围比较广的恒电位仪。

通常的做法是将与 GPS 同步的电流通断器串联在阴极保护电源阴极或阳极回路中，如图 3-13 所示。在断电瞬间，尤其在靠近阴极保护站位置，管地电位有时会有一个正向脉冲。为避免管地电位脉冲对断电电位测量值的影响，断电电位应在断电后 0.3~0.5s 内读取。若用万用表读取管道断电电位，则很难发现该脉冲。

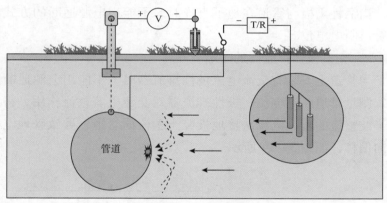

(a)断开阴极保护阴极线

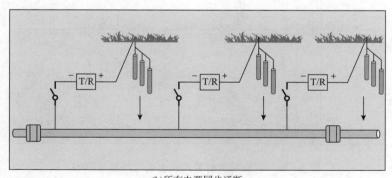

(b)所有电源同步通断

图 3-13 影响测量位置管地电位的电源同步通断

2. 杂散电流对管道断电电位的影响

1）直流杂散电流的影响

当管道受直流杂散电流干扰时，不能用电源通断的方式测量管道断电电位。

2）直连牺牲阳极的影响

当牺牲阳极与管道在地下直连时，不能用电源通断的方式测量管道断电电位。

3）交流极性排流器的影响

当管道上安装有交流电流极性排流器时，不能用电源通断的方式测量管道断电电位。极性排流器对交流电有整流作用，将产生半波整流的直流电流从接地极经土壤流向管道，导致管地电位负向偏移，如图 3 - 14 所示。

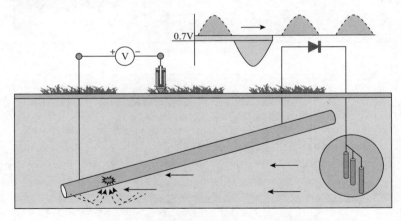

图 3 - 14   极性排流对管地断电电位测量的影响

4）直流去耦合器的影响

直流去耦合器电容充放电会导致断电电位测量误差。当管道通电时，直流去耦合器电容充电，当管道断电时，直流去耦合器电容放电，该电流将流到管道上，影响管道断电电位测量。当直流去耦合器电容较小，交流电压降大，且单向导通装置具有不平衡的电压导通值时（或接地极材料与管道有较大的直流电位差，如铜裸线接地极），直流去耦合器也会有交流整流作用，影响断电电位测量精度，如图 3－15 所示。

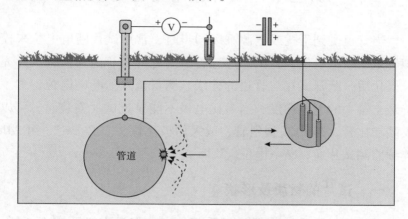

图 3－15 直流去耦合器对断电电位测量的影响

四、管道交流电压测量

1. 管道交流电压的测量

测量管地电位时，将万用表选择开关指向交流电压挡，测量的是管道交流电压。当管道交流电压大于 4V 时，要测量土壤电阻率，利用交流电压和土壤电阻率计算管道交流电流密度。土壤电阻率过低时，交流电压不足 4V 也会有较大的交流电流密度，产生交流腐蚀。管道具有高质量防腐层时，如 3LPE，参比电极位置对交流电压测量读数影响不大。

2. 交流电电流的测量

如果测试桩下埋设有试片，可以用电流计或直接将万用表串联在试片与管道的连线中测量交流电流及直流电流。交流电流密度计算值和实测值有时相差很多倍，直接测量的试片交流电流密度更可靠。

第三节　试片断电电位测量

当管道受到干扰或电源难以同步时，常用试片断电电位来模拟管道的断电电位。将试片埋到管道附近并与管道连接，试片充分极化后，断开试片与管道的连线，测量试片的断电电位。为了屏蔽土壤中的电位梯度，当参比电极不能靠近试片安装时，可以安装参比管，即 PVC 塑料管，或采用极化探头。必要时，可 24h 连续监测试片通、断电电位。

一、试片的材质及形状

试片的材质应该与管材材质相接近，但没有必要完全一样。试片可以是矩形、圆形或圆盘形状。由于试片是用来模拟管道防腐层漏点的，最好是做好涂层再制作漏点。必要时，将试片与参比电极组装在一起，做成极化探头，如图 3 – 16 所示。试片与管道连线中安装防水复位开关以便断开。极化探头参比电极与土壤接触的孔一般较小，不适用于高土壤电阻率环境。

(a)电位试片　　　　　　　　　　　　　(b)极化探头

图 3 – 16　电位试片与极化探头

二、试片的面积及分布

用试片来模拟管道防腐层的缺陷点，试片面积应尽量接近管道涂层最大缺陷点面积。3PE 防腐层破损面积多数在 4.0 ~ 6.0cm² 之间，试片面积多在 6.5 ~ 10cm² 之间。当用试片测量交流电流密度时，试片面积选用 1.0cm²。

试片的分布取决于阴极保护电流分布的均匀性，对于外加电流阴极保护，可以根据土壤性质、土壤电阻率的变化以及距离阴极保护站的距离来布置试片。

（1）在汇流点、管道保护末端埋设试片。

（2）在土壤电阻率变化比较大或土壤性质发生变化区域，例如沼泽地区、山地地区、沙土、黏土、砾石地区要埋设试片，如图3－17所示。

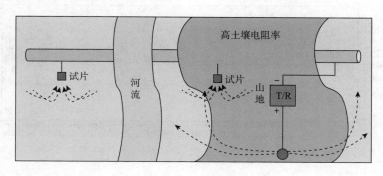

图 3 – 17　试片的分布

（3）土质均匀的正常管段每 5 ~ 10km 埋设一个试片。每个试片的漏电量一般小于 1.0mA，不会对阴极保护造成影响。

（4）对牺牲阳极保护的管道，应将试片埋设在两组牺牲阳极中间位置或将试片埋设在阳极电压场范围之外。至少要将试片附近的阳极断开 24h 再测量试片断电电位。

（5）受杂散电流干扰严重时，每个测试桩下面都埋设试片（500～1000m）。

三、试片断电电位测量的方法

1. 试片的极化时间

试片的通电电位受管道通电电位影响，当管道防腐层漏点多时，影响更大。所以，不能以试片通电电位的稳定来判断试片已经充分极化。受土壤透气性、含水量、试片埋深等影响，试片充分极化的时间差异较大，如图3-18所示，试片充分极化（断电电位稳定）需要近4h。试片与土壤接触越密实，极化越快。最好长期埋设试片，不要临时埋设。

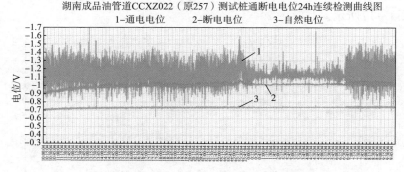

图3-18　试片达到充分极化的时间差异很大

2. 断电电位日常测量

试片充分极化后，断开试片与管道的连线，在0.1～0.3s之内，读取肉眼可以确定的试片对地电位为试片的断电电位，如图3-19所示。电位的读取受人员的经验影响较大，最好现场录制万用表读数变化，回去后再确定断电电位读数。万用表读取的断电地位一般比真正的断电电位正100mV。

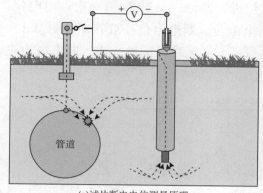

(a)试片断电电位测量原理

(b)试片断电电位现场测量

图 3 – 19　试片断电电位测量

3. 试片去极化过程记录

为了正确地确定试片的断电电位，有时候有必要采用记录仪，记录试片电位的去极化过程。记录仪读数频率一般为 20ms 读一个数。如图 3 – 20 所示，真正的断电电位是去极化曲线直线段与弧线段相切的位置。图 3 – 20 的断电电位为 – 1040mV$_{cse}$，而万用表读取的是电位已经处于比较平滑段的电位，约为 – 900mV$_{cse}$。

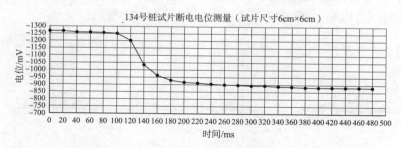

图 3 – 20　试片电位去极化曲线

4. 试片断电电位监测

当管道受干扰时，有时需要确认试片 24h 内的断电电位，这时候，需要对试片断电电位进行监测。一般 9s 读一次通电电位，断电 1s，读取一次试片断电电位。断电电位一般在断电后 0.1 ~ 0.3s 内读取。如图 3 – 21 所示，在测量时间段之内，断电电位正于 -850mV_{cse} 的次数应小于总次数的 5%。

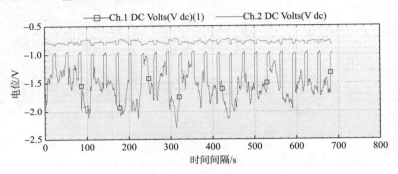

图 3 – 21　试片通断电电位 24h 监测

四、试片断电电位与管道断电电位的关系

（1）试片的断电电位代表管道表面的面积与之相同、环境与之一致的涂层破损点电位。而管道的断电电位是多个防腐层缺陷点的综合电位，两者的含义不同，如图 3 – 22 所示。

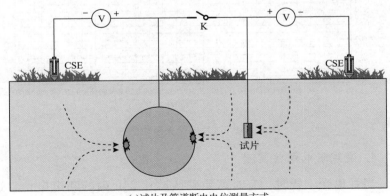

(a)试片及管道断电电位测量方式

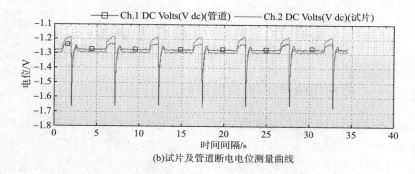

(b)试片及管道断电电位测量曲线

图 3 - 22　管道断电电位与试片断电电位

（2）如果试片的断电电位满足规范指标要求，说明管道上比试片面积小的防腐层缺陷点也满足规范指标要求，但比试片面积大的防腐层缺陷点保护是否达标尚不能确定。

（3）裸露面积越大，断电电位越正。经验表明，取决于防腐层缺陷点与试片相对面积的大小，试片的断电电位与管道的断电电位差值一般在 ±20mV 之间。可以用试片的断电电位代替管道的断电电位。

五、试片的 100mV 极化偏移指标

当管道不受杂散电流干扰且处在普通的土壤环境中时，可以用试片的断电电位减去试片去极化电位大于 100mV 的极化指标（去极化 1h）。应用该指标的前提是试片表面光亮，没有腐蚀产物。当管道受交、直流干扰时，试片的去极化与管道上防腐层缺陷点的去极化特性可能会有所差异，有必要研究试片 100mV 极化指标在干扰条件下的适用性。

第四节　牺牲阳极性能测量

一、牺牲阳极开路电位测量

将牺牲阳极与管道的连线断开，测量到的阳极电位为阳极的开路电位，如图 3 – 23 所示。锌阳极的开路电位应该负于 $-1.05V_{cse}$，镁合金阳极的开路电位应该负于 $-1.50V_{cse}$，高电位镁阳极的开路电位应该负于 $-1.70V_{cse}$。经常发现阳极开路电位正向偏移很严重，可能是因土壤干燥，阳极氧化反应产物附着在阳极表面或阳极质量差导致的。

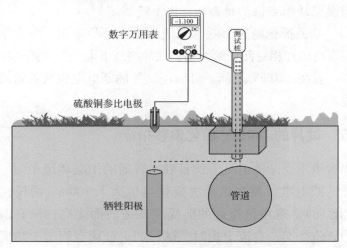

图 3 – 23　牺牲阳极开路电位测量

二、牺牲阳极闭路电位测量

阳极与管道连接时测量到的管地电位为牺牲阳极闭路电位。测量时，参比电极应尽量离开牺牲阳极埋设位置约 5m。

三、牺牲阳极输出电流测量

如果有高精度钳形电流表，可以直接钳在阳极电缆线上测量阳极输出电流，牺牲阳极的输出电流在几十毫安范围内。如果阳极与管道连线中有分流器（标准电阻），可以通过测量分流器电压降来计算阳极输出电流，或直接将电流表串联在回路中测量电流，如图3－24所示。受电流表内阻的影响，直接串联电流表测量出来的电流值小于实际值。

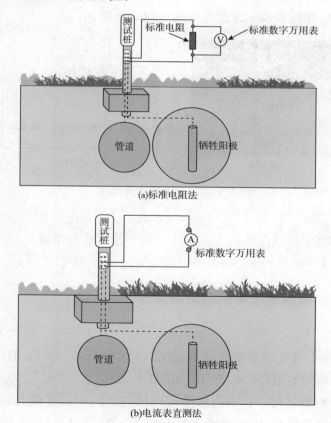

图3－24 牺牲阳极输出电流测量

第五节　土壤电阻率及接地极电阻测量

一、土壤电阻率测量

如图 3－25 所示，在与管道垂直方向按间距 a 布置接地极，第一支接地极和管道的距离要大于 a。摇动手柄，旋转度盘使指针指向零。度盘读数乘以倍数就是地表到 a 土壤层的电阻 R，带入下式计算地表到 a 深度土壤的平均电阻率 ρ：

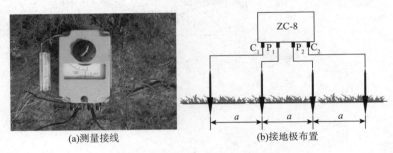

(a)测量接线　　　　　　(b)接地极布置

图 3－25　土壤电阻率测量

$$\rho = 2\pi aR \tag{3-1}$$

电阻率的单位是 $\Omega \cdot m$ 或 $\Omega \cdot cm$。如果管道埋深 1.5m，接地极间距 a 一般为 2m（接地极间隔＝管道埋深/0.7）。

二、阳极地床接地电阻测量

如图 3－26 所示，测量时，d_{13} 不得小于 40m，d_{12} 不得小于 20m。在土壤电阻率较均匀的地区，d_{13} 取 $2L$，d_{12} 取 L；在土壤电阻率不均匀的地区，d_{13} 取 $3L$，d_{12} 取 $1.7L$。

在测量过程中，电位极沿接地体与电流极的连线移动三次，每次移动的距离为 d_{13} 的 5% 左右，若三次测量值接近，取其平

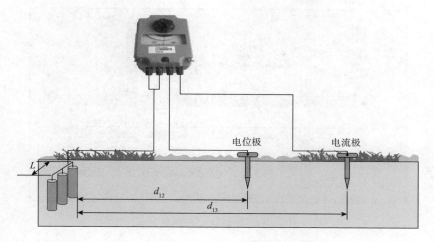

图 3 – 26　接地电阻测量

均值作为接地体的接地电阻值；若测量值不接近，将电位极往
电流极方向移动，直至测量值接近为止。电位极越靠近接地体，
电阻读数越小。

第六节　结构连续性测量

一、绝缘接头性能测量

1. 电位法

　　保持参比电极位置不变，测量保护侧与非保护侧管地电位，
如图 3 – 27 所示。绝缘接头（IJ）两侧电位差值一般为 200 ～
500mV。如果绝缘接头两侧电位相同或差别不大（小于 100mV），
需进一步确认（比如增大电源输出电流）绝缘接头是否绝缘不好
或有搭接。

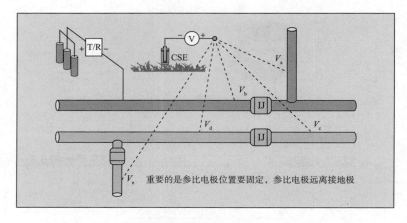

图 3 – 27　结构连续性测量方法

　　利用电位法检测绝缘接头性能时，如果站内有区域保护，应该关闭站内阴极保护电源。应尽量用站外阴极保护电源的通断来判断接头两侧的电位差。利用站内电源的通断来测量电位差时，应注意站内阳极电压场对参比电极电位的干扰，如图3 – 28所示。

图 3 – 28　结构连续性电位法测量

　　站内电源通断时，受站内阴极保护阳极电压场的干扰，站外管地电位同样负向偏移，如图3 – 29 所示，这种电位的负向偏移是由参比电极电位升高引起的。如果不注意该问题，会对绝缘接头的性能作出误判。正常情况下，通电一侧电位负向偏移时，非通电一侧受阴极电压场干扰，电位会稍微正向偏移。

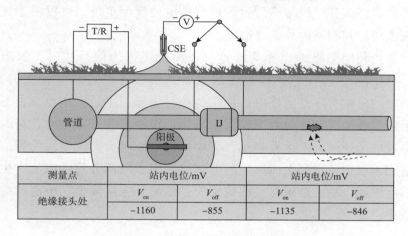

测量点	站内电位/mV		站内电位/mV	
绝缘接头处	V_{on}	V_{off}	V_{on}	V_{off}
	−1160	−855	−1135	−846

图 3 - 29　阳极地床对电位的影响

2. PCM 电流法

在站外给管道施加 PCM 信号，测量绝缘接头站内侧的管中电流，该电流要远小于 PCM 发射机发送电流，如图 3 - 30 所示。在

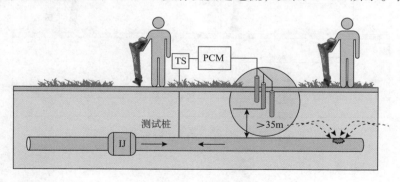

图 3 - 30　结构连续性 PCM 测量

绝缘良好的情况下，受绝缘接头电容导电的影响（绝缘接头结构

类似电容结构），站内侧管中电流占发射机电流的 10% ~ 20%。如果站内外有搭接或绝缘接头短路，该站的恒电位仪输出电流会异常大，离开绝缘接头位置测量管地电位反而更负，可以根据该现象初步判断站内外绝缘情况。

当利用阳极地床作为接地极、阴极线作为信号线时，如图 3-31 所示，应注意阴极电缆线沿管道铺设并经过绝缘接头时，测量的电流实际是阴极电缆线中的信号电流，不是管中电流，不了解布线情况会导致判断错误。当接地极距离管道太近时，有时会发现离开信号发生器越远，管中电流反而越大。这是因为管道周围土壤中流动的电流产生的电磁场抵消了一部分管中电流产生的电磁场，总的结果是接收机感应到的磁场强度降低，电流读数减小。

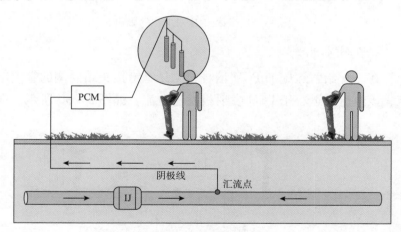

图 3-31　阴极线对 PCM 测量的影响

3. 电流环法

增大阴极保护电源输出电流或临时安装电源，使管中电流达到安培级以上。将电流环套在站内管道出地面处，测量管中电流，在接头良好的情况下，应该没有电流。

当带绝缘接头的管道露出地面时，可以测量该段管道上的电压降并判断管中电流以及其流向，判断是否有电流流向绝缘接头以判断绝缘接头性能。

4. 电流指向法

如图 3 – 32 所示，测量带绝缘接头的管道出地面管段上的电压降，判断是否有电流指向绝缘接头，必要时增大站外恒电位仪输出电流。如果有电流流向绝缘接头，说明接头绝缘有问题。

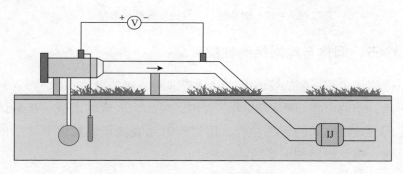

图 3 – 32　电流指向法判断绝缘接头性能

二、钢套管与主管道绝缘性能测量

钢套管与主管道要保持绝缘，主、套管的短路将严重影响穿越段附近管道的阴极保护，屏蔽套管内部的阴极保护电流。最常用的检测方式是测量套管和主管道的电位差，电位差值应大于200mV。如果电位差小于100mV，应该提高电源输出，确认套管电位是否随之负向偏移。安装临时电源时，应注意临时接地极要远离参比电极位置（大于16m），如图 3 – 33 所示。

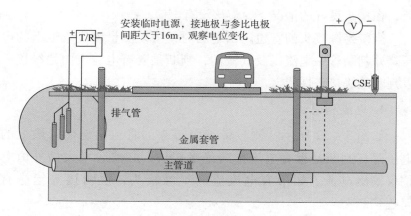

图 3 - 33　钢套管与主管道绝缘性能测量

三、阀体与地网绝缘性能测量

测量主阀一侧的管地电位以及接地网一侧的电位，如图 3 - 34 所示，差值应在 200mV 以上。否则，应加大电流输出进一步确认主阀与地网之间的绝缘性能。用钳形电流表测量每根引下线中的电流，确认短路的引下线。

(a)阀体电位测量　　　　　　　　(b)接地极侧电位测量

图 3 - 34　阀体与地网绝缘性能测量

第七节　防浪涌保护装置检测

安装防浪涌保护装置的目的是排泄雷击或故障电流。为了顺利排放故障电流，防浪涌保护装置两端的电缆线要尽量短而直，以减小导线上的电压降。

一、火花隙检测

火花隙电极之间是惰性气体，高压导通、低压截止，导通电压约为500~700V，反应快，导通后残压低。一般地上安装，用来保护绝缘接头或防止绝缘接头处打火，如图3-35所示。

图3-35　火花隙结构及安装

安装前用1000V摇表测量电阻应该为零，万用表测量电阻为开路。安装后，火花隙两侧具有不同的交流电压和直流电位。火花隙没有交流排流功能。

二、氧化锌避雷器检测

氧化锌避雷器电极之间是压敏电阻，导通电压为300~500V，导通后残压高，易损坏。一般地上安装，用来保护绝缘接头或防止绝缘接头处打火，如图3-36所示。

安装前用1000V摇表测量电阻应该为零，万用表测量电阻为

图 3 – 36　氧化锌避雷器

开路。安装后，避雷器两侧具有不同的交流电压和直流电位。氧化锌避雷器没有交流排流功能。

三、锌接地电池检测

锌接地电池由放入填料包的两支锌棒组成，中间用绝缘垫块隔离，如图 3 – 37 所示。故障电流经过锌棒从绝缘接头一侧传导到另一侧，用来保护绝缘接头或防止打火。锌接地电池具有排放交流电流的功能，同时具有引入直流杂散电流的弊端。由于接地电池排流有限，两侧的直流电位和交流电压都会有所区别。受阴极保护一侧锌棒的电位较负，而非保护侧锌棒的电位较正。当阴极保护电流通过锌棒流到非保护侧时，首先要克服锌棒之间的反电动势，该反电动势能达到 0.5V，受交流干扰时，该反电动势会有所降低。

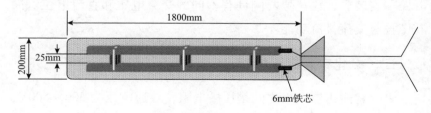

图 3 – 37　锌接地电池构造

管道受到直流干扰时，为避免锌接地电池引入杂散电流，应使用火花隙等防雷设施。当管道只受交流干扰时，锌接地电池具有排放交流电流的作用。

四、极化电池检测

将两组不锈钢板浸入 5% 氢氧化钾
溶液中，类似蓄电池结构，如图 3 - 38
所示。极化电池具有通交隔直功能，除
了具有保护绝缘接头的功能外，还具有
利用站内接地系统排除交流电流的功
能。由于连接被保护侧和非保护侧的不
锈钢板之间有电位差，所以对于阴极保
护电流的漏失有阻碍作用。

极化电池两侧具有相同的交流电压
及不同的直流电位。

图 3 - 38　极化电池结构

五、直流去耦合器检测

1. 直流去耦合器的结构

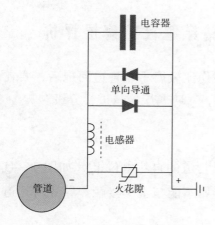

图 3 - 39　直流去耦合器结构

直流去耦合器由电容、电
感、单向导通装置及火花隙组
成，如图 3 - 39 所示。当管道
上有交流电压时，由于电容的
通交隔直特性，交流电通过接
地极排放到大地，而直流电流
无法经过电容排放。当管道直
流电位正向偏移导致单向导通
装置导通时，直流电流也通过
接地极排放；当管道电位负向
偏移至反向单向导通装置导通

时，直流电流经接地极流入管道；当管道上有故障电流时，由于电感对高频电流具有较高的阻抗，迫使电流打开火花隙，经接地极排放，保护电容及单向导通装置不被击穿。

2. 直流去耦合器性能的检测

图 3 – 40　排流电流测量

测量直流去耦合器管道一侧以及接地极一侧的直流电位，应该有较大差异（大于 300mV），测量管道一侧以及接地极一侧的交流电压应该相等或差异很小，说明直流去耦合器具有通交隔直功能。必要时，用钳型电流表测量接地极排放电流以及接地极接地电阻，如图 3 – 40 所示。由于用电器件替代了极化电池中的液体，所以也称之为固态直流去耦合器。

第八节　管道定向钻穿越段防腐层评价

管道定向钻穿越段防腐层损伤比较严重，管道回拖后，要在连头前对防腐层完好性进行检测，对防腐层质量进行分级。

一、现场数据测量

（1）管道回拖后，首先测量管道的自然电位 V_n，如图 3 – 41 所示。测量时注意，管道两端金属不能与土壤接触。导线与管道的连接可以用磁铁压住接线端子。

测量管道两端电位

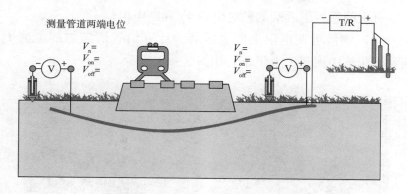

图 3 - 41　定向钻公路穿越电位测量

（2）在管道一端安装临时电源和接地极，给管道通电。一般用蓄电池，正极连接临时接地极，负极连接管道，连线中间串联可调电阻，以调节电流大小，如图 3 - 42 所示。应注意临时接地极要远离参比电极位置。参比电极距离管道的距离应大于管径。

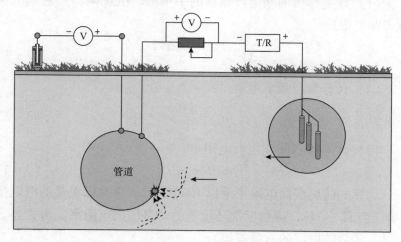

图 3 - 42　测量接线图

（3）接通电源，给管道送电，送电过程中调节可调电阻，直到管道断电电位达到 - 850mV$_{cse}$ 左右，极化一段时间（30min）

后，再次测量管道两端的通电电位 V_{on} 和断电电位 V_{off}。

（4）测量可调电阻上的电压降，计算给管道施加的电流 I。测量泥浆池中泥浆的电阻率，如图 3 – 43 所示。

图 3 – 43　定向钻穿越现场泥浆电阻率测量

二、数据处理

（1）计算管道两端电压偏移的平均值，电位偏移为通电电位减去断电电位。

$$\Delta V = \frac{\Delta V_1 + \Delta V_2}{2} \qquad (3-2)$$

（2）计算管道接地电阻：

$$R = \frac{\Delta V}{I} \qquad (3-3)$$

（3）计算管道防腐层面电阻率：

$$r = R \times \pi dL \qquad (3-4)$$

计算的防腐层面电阻率乘以 $1000\Omega \cdot cm$ 再除以泥浆的电阻率（单位为 $\Omega \cdot cm$），得到标准环境下的防腐层面电阻率。再去查表 3 – 1，评估防腐层的质量等级。

三、管道防腐层质量分级表

管道防腐层绝缘性能分级见表 3 – 1。

表 3 – 1　管道防腐层绝缘性能分级表

管道防腐层（3LPE）质量等级	平均防腐层电导率/（S/m²）	平均防腐层电阻率（基于1000Ω·cm 土壤电阻率）/Ω·m²
1	$< 1 \times 10^{-5}$	$> 1 \times 10^5$
2	$0.5 \times 10^{-4} \sim 10^{-5}$	$2 \times 10^4 \sim 10^5$
3	$0.2 \times 10^{-3} \sim 0.5 \times 10^{-4}$	$5 \times 10^3 \sim 2 \times 10^4$
4	$> 0.2 \times 10^{-3}$	$< 5 \times 10^3$

第九节　管道馈电试验

一、馈电试验现场测量

管道建成后，需要补加阴极保护时，可以通过现场馈电试验确定阴极保护电流的大小，从而确定阴极保护站的规模。

在预计的阴极保护站位置安装临时电源和接地极，给管道送电，测量阴极保护末端管道的自然电位、通电电位和断电电位。根据测量数据计算阴极保护站的最小规模，如图 3 – 44 所示。

二、阴极保护电流计算

（1）假设管道自然电位为 V_n，末端管道断电电位为 V_{off}，试验电流为 I_{test}，按 $-850mV$ 指标计算阴极保护电流 I_{cp}：

$$\frac{850mV - V_n}{I_{cp}} = \frac{V_{off} - V_n}{I_{test}} \qquad (3-5)$$

（2）假设管道自然电位为 V_n，末端管道断电电位为 V_{off}，试验电流为 I_{test}，按 $100mV$ 指标计算阴极保护电流 I_{cp}：

$$\frac{100mV}{I_{cp}} = \frac{V_{off} - V_n}{I_{test}} \qquad (3-6)$$

（3）一般情况下，满足100mV极化偏移指标需要的电流比满足 $-850\text{mV}_{\text{cse}}$ 指标的要小。

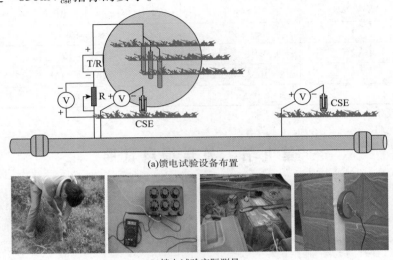

(a)馈电试验设备布置

(b)馈电试验实际测量

图3-44　阴极保护电流馈电试验

第十节　管道沿线电位密间隔测量（CIPS）

一、密间隔电位测量（CIPS）的意义

为了确认测试桩之间的管道保护状况，经常会沿管道每隔 $1\sim3\text{m}$ 测量一次管地通、断电电位，如图3-45所示。将管道沿线通电电位和断电电位绘制成图，查找管道欠保护位置并查明原因进行修复，如图3-46所示。

正常情况下，当参比电极接近防腐层缺陷点时，通电电位和断电电位都会正向偏移。当管道受到杂散电流干扰时，断电电位测量没有意义。可以测量管道自然电位以确认杂散电流流入流出点。当测量进行到下一个测试桩时，应该测量断电期间两个测试桩之间管道的电压降，以确认是否存在杂散电流干扰。断电期间，管道上的电压降应该为零。当管道上安装有交流排流极性排流器或直流去耦合器时，断电电位测量值不准确。

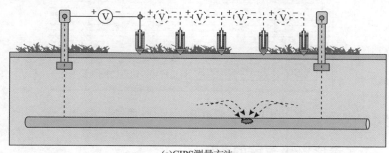

(a)CIPS测量方法

(b)CIPS漏点位置电位

(c)CIPS实际测量

图 3-45 管道电位密间隔测量

阴极保护系统维护

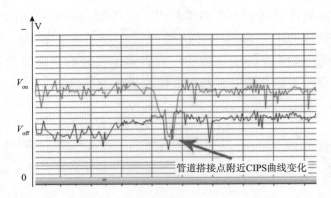

图 3 - 46　管道沿线 V_{on}/V_{off} 曲线

二、参比电极覆盖的范围

（1）当管道没有防腐层或防腐层质量很差时，将参比电极放置在地表，电位读数为 120°夹角范围内管段上的电位综合值，如图3 - 47所示。

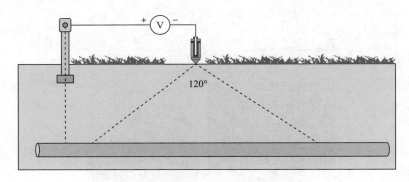

图 3 - 47　参比电极覆盖范围

（2）当防腐层质量很高时，如 3LPE 防腐层，无论参比电极放到什么位置，电位读数都是防腐层漏点位置的电位。如果防腐层有几个漏点，那么对于电位读数影响最大的是那些与参比电极之间电阻小、电位高的漏点，如图 3 - 48 所示。

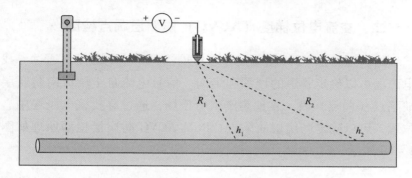

图 3 - 48　各漏点地位对电位读数的影响

（3）当参比电极远离防腐层缺陷点时，参比电极偏离管道对断电电位甚至通电电电位的影响不大，影响电位读数的主要因素是地表电位梯度以及参比电极和各漏点的相对位置。随着防腐层质量的提高及漏点数量的减少，CIPS 测量的意义越来越受到怀疑。很多管道公司，在保证测试桩断电电位达标的情况下，测试桩之间的管道基本上没有发生腐蚀。当然，其前提是加强防腐层检漏，保证测试桩之间的管道上没有太大的防腐层漏点。

第十一节　管道防腐层漏点检测

一、管道防腐层的主要类型

管道防腐层经历石油沥青、环氧煤沥青、聚乙烯夹克、环氧粉末、3LPE 防腐层。国内近年来所建设的管道，多采用 3LPE 防腐层。3LPE 防腐层具有很好的耐机械损伤能力，绝缘电阻高，绝缘强度高，阴极保护电流可以达到 $3 \sim 5 \mu A/m^2$。在土壤条件适合时，一支牺牲阳极可以保护几公里管道。

二、交流电位梯度（ACVG）防腐层漏点检测

给管道施加 PCM 信号后，管道周围将产生电磁场，通过寻找电磁场可以确定管道的埋深和走向。信号电流自土壤流向防腐层缺陷点（漏点）时，在地表产生电压场，通过寻找该电压场中心位置，可以确定防腐层缺陷点。PCM ACVG 防腐层检漏原理如图3-49 所示。

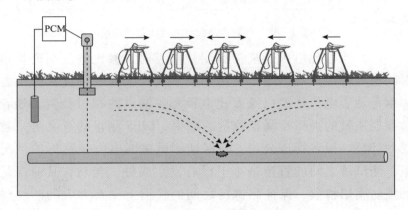

图 3-49　PCM ACVG 防腐层检漏原理

当管道上安装有交流排流设施时，PCM 信号会经过直流去耦合器进入接地极，导致 PCM 信号的漏失。由于大部分 PCM 信号通过接地极入地，减弱了防腐层缺陷点在地表产生的电压场，导致无法对防腐层缺陷点进行检测，如图3-50 所示。当防腐层上具有大的破损点时，由于其电压场强度高，也会掩盖小的防腐层破损点，导致无法检测到小的防腐层破损点。

当管道处于高压输电线下方时，交流干扰会影响管道的定位，此时，可以通过将管道人为接地的方式（如将站场绝缘接头跨接），加大 PCM 信号强度，方便管道的定位。必要时，将 PCM

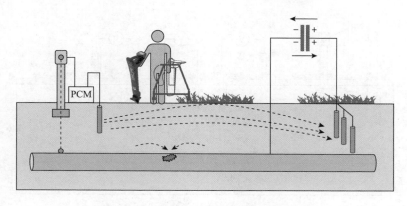

图3-50 接地极屏蔽了防腐层漏点信号

信号线和接地极都连接到管道两端上以增强管中电流。PCM ACVG现场操作及检测出来的漏点如图3-51所示。

(a)沥青路面下管道防腐层检漏　　(b)冰面下管道防腐层检漏　　(c)检出的防腐层漏点

图3-51 PCM ACVG现场防腐层检漏

三、直流电位梯度（DCVG）防腐层漏点检测

给管道施加脉冲的直流信号，直流电流流入防腐层缺陷点时，在地表产生电压场，通过寻找该电压场将确认防腐层缺陷点位置，如图3-52所示。

当管道受动态直流杂散电流干扰时，由于地表中存在杂散电流产生的电位梯度，会给DCVG防腐层检漏带来困难。

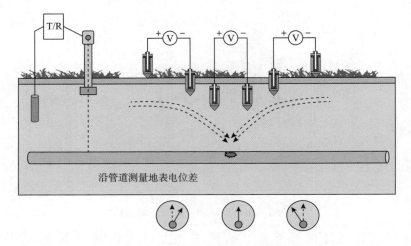

图 3 - 52　DCVG 防腐层检漏原理

四、防腐层漏点与埋地直连阳极的区分

阴极保护电流从防腐层缺陷点流入管道，牺牲阳极向周围土壤中排放电流。根据地表电流方向，可以区分防腐层漏点以及牺牲阳极，如图 3 - 53 所示。当地表电位梯度很小，难以判断时，如果认为是防腐层缺陷点，那么提高恒电位仪输出电流，流向防

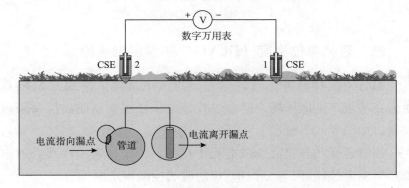

图 3 - 53　防腐层漏点与牺牲阳极的区分

腐层缺陷点的电流增大，地表电位梯度将加大；如果认为是直连牺牲阳极，可以将管道的绝缘接头短接，测量地表的电位梯度是否增大。多数情况下，牺牲阳极位置偏离管道位置。

　　如果电流从防腐层缺陷点位置流出管道，则该缺陷点为活性（阳性）；如果电流从防腐层缺陷点处流入管道，则该缺陷点为阴性。

第四章　杂散电流干扰及防护

第一节　杂散电流的定义

杂散电流是指沿规定路径之外的途径流动的电流，也被称为"迷流"。杂散电流从管道的一个部位流入，从另一个部位流出，导致管道表面电流密度发生变化，称之为干扰，其表现形式是管地电位的变化。

第二节　静态直流杂散电流

如果杂散电流为直流电，且电流大小和方向基本不变，称之为静态直流杂散电流。

一、静态直流杂散电流的产生

阴极保护电流从阳极地床流出后，应该经过土壤流向被保护管道。如果阳极地床附近有另外一条管道，则部分电流将流到该管道上，沿该管道流动一段距离后，又从管道上离开，回到原来的管道，该电流为杂散电流，如图4-1所示。

尤其要注意绝缘接头位置，由于管道阴极保护电流流入站内接地极并跨过绝缘接头流回到被保护管道，在电流流出位置将发生腐蚀。如果管道内有导电介质，电流通过导电介质流回到被保护管道，管道绝缘接头非保护侧将发生内腐蚀。如图4-2所示，26mm壁厚绝缘接头5个半月后腐蚀穿孔。

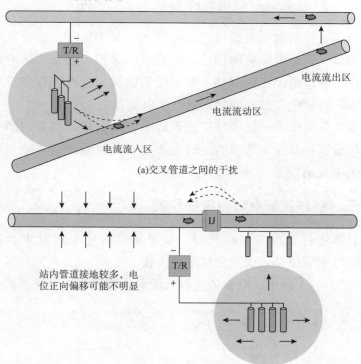

(a)交叉管道之间的干扰

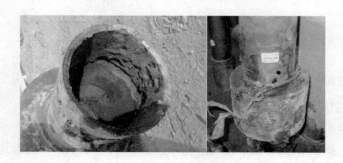

(b)绝缘接头两侧管道之间的干扰

图 4 - 1 静态直流杂散电流的产生

图 4 - 2 受干扰侧管道的腐蚀

二、静态直流杂散电流的特点

静态直流杂散电流的特点是电流大小基本稳定，在杂散电流流入部位，管地电位负向偏移，管道得到保护，但在杂散电流流出部位，管地电位正向偏移，管道受到腐蚀。电流吸收和排放区域之间，管地电位没有变化，但管中电流会发生变化。

在实际工作中，是通过检测管地电位的偏移方向来判断电流是流出管道还是流入管道的。管道不连续的位置就有可能是受杂散电流干扰的位置。

三、静态直流杂散电流的检测

日常进行管地电位检测时，如果发现管地电位发生异常变化，应考虑管道是否受到杂散电流干扰。

如图 4－3 所示，沿管道进行管地电位检测时，发现某些部位

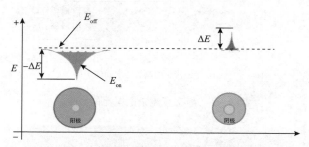

图 4－3　静态直流杂散电流干扰检测

管地电位异常，如一部分管段管地电位明显负向偏移，说明该管道附近有阳极地床，另一个部位管地电位明显正向偏移，说明该位置有阴极存在。一般是通过测量地表电位梯度来确认干扰源的方位。找到干扰源后，对干扰源进行通断，观察被干扰管道管地电位是否随之变化，以确认干扰源。阴极保护阳极地床对管道的

干扰距离一般小于 500m，阴极对管道的干扰距离一般小于十几米。

如图 4-4 所示实例，管道测量时，在相邻测试桩上测量的电位均为 -1.1V，但中间测试桩的管地电位为 -1.9V$_{cse}$。以测试桩位置为中心、30m 为半径测量地表电位梯度，寻找干扰源方位。朝着最大电位梯度方向发现一个深井阳极地床，恒电位仪输出电流为 30A，干扰源距管道垂直距离约为 460m。通、断该电源，测试桩位置电位偏移 800mV。该测试桩的电位偏负是由阳极地床干扰导致的。

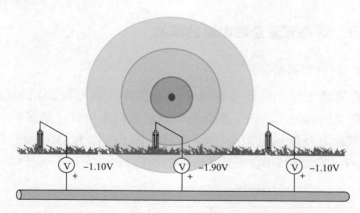

图 4-4 静态直流杂散电流干扰检测实例

四、静态直流杂散电流干扰程度的评价

（1）当发现管道受到干扰时，需要对干扰程度进行评价。管道自然电位不在 -200 ～ -800mV$_{cse}$ 之间时，认为受到杂散电流干扰。

（2）当管道任意点上的管地电位较自然电位正向偏移 ≥100mV（难点在于无法获知自然电位），或管道附近土壤表面电位梯度 >2.5mV/m 时（如果管道已经埋地，测量时应关闭阴极保护电源），认为存在直流杂散电流干扰。

（3）密间隔电位测量时，测量两个测试桩之间管道的电压降，断电期间如果有电压降，说明管道中有杂散电流流动。

静态直流杂散电流干扰程度的评价见表4－1。

表4－1　静态直流杂散电流干扰程度评价

直流电流干扰程度评价参量	弱	中	强
管地电位正向偏移/mV	<20	20~200	>200
土壤表面电位梯度/（mV/m）	<0.5	0.5~5.0	>5.0

五、静态直流杂散电流的排流

1. 牺牲阳极排流

在管地电位正向偏移的部位（电流排放点）安装牺牲阳极，使杂散电流通过阳极而不是管道防腐层破损点排放，如图4－5所示。牺牲阳极接地电阻为土壤电阻率 ρ（单位为 $\Omega \cdot cm$）除以6000cm，不大于 5.0Ω，最好小于 1.0Ω。

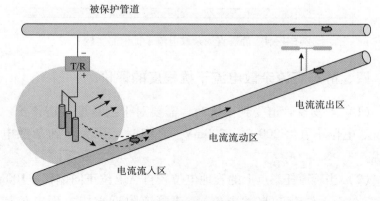

图4－5　牺牲阳极排流

2. 防腐层修复排流

修复吸收电流管段防腐层，其目的是增大杂散电流回路中的电阻，减小杂散电流，如图4-6所示。不要修复杂散电流排放区域的管道防腐层，由于很难保证防腐层没有漏点，如果修复的话会使杂散电流集中到少数防腐层缺陷点处，使穿孔更快。

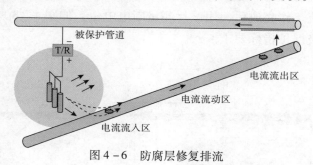

图4-6 防腐层修复排流

3. 安装跨接线排流

在电流排放位置安装跨接线，杂散电流经过跨接线回到原来的管道，如图4-7所示。可以用适当长度的电炉丝进行跨接。该方法简单高效，但因两条管道已经连接在一起，故任何一条管道调整电源输出，另一条管道也要进行相应调整。如果需要进行电源同步通断测量管道断电电位，则两条管道的电源也要同步通断。

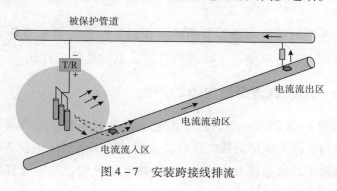

图4-7 安装跨接线排流

4. 加强阴极保护

通过增加牺牲阳极或增加阴极保护站，加强管道的阴极保护，保证电流排放位置满足阴极保护规范指标要求。

六、静态直流杂散电流排流效果的评价

排流工作完成后，用试片测量断电电位，如图 4 - 8 所示，应满足阴极保护指标要求。

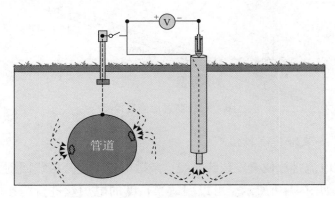

图 4 - 8　试片断电电位测量

第三节　动态直流杂散电流

当杂散电流大小和方向始终变化时，这种杂散电流称为动态直流杂散电流。典型的干扰源是直流供电的地铁或轻轨。

一、动态直流杂散电流的产生

如图 4 - 9 所示，当轨地电压超出安全电压时，地铁系统的限压柜导通，向大地排放或吸收电流；当基础钢筋对地电位 30min 内正向偏移平均值达到 0.5V 时，地铁排流柜导通，将电流释放回到

铁轨。在其他时间，从道基漏出的电流流入大地，进入管道，从另一个位置流出管道，给管道造成腐蚀干扰。由于杂散电流的大小及方向始终在变化，所以称之为动态直流杂散电流。地铁机务段独立供电，与正轨单向导通，由于机务段铁轨与地网之间的限压低（60V）、铁轨与道基绝缘差、漏电多，处于机务段附近的管道将会受到更为严重的干扰。

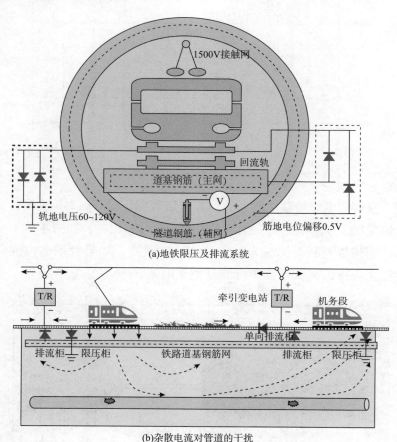

图4-9　动态直流杂散电流的产生

二、动态直流杂散电流的检测

通常是通过测量管地电位的方式来发现动态直流杂散电流。由于管地电位始终在波动，要记录电位的最大值、最小值和平均值，如图4－10所示。

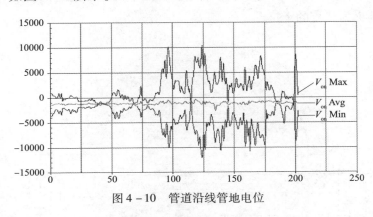

图4－10　管道沿线管地电位

在管地电位波动比较大的位置安装数据记录仪，24h 监测管地电位变化。如果电位的变化与人为的作息时间相关，如图4－11所示，则初步判断干扰源为人为设施，如地铁；如果管地电位变化杂乱无规律，那么干扰源可能是地磁电流。

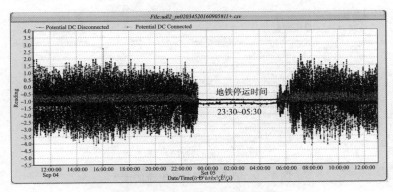

图4－11　管地电位24h 监测

三、动态直流杂散电流干扰程度的评价

根据 GB/T 19285—2014，将动态直流杂散电流干扰程度分为三级，见表4-2。

表4-2 动态直流杂散电流干扰程度评价

杂散电流干扰腐蚀危害程度	弱	中	强
管地电位波动值/mV	<50	50~350	>350

管地电位波动值为管地电位与没有干扰时的电位差值。当管地电位波动值大于200mV时，应进一步调查确认采取杂散电流排流保护或其他防护措施的必要性。

四、动态直流杂散电流的排流

1. 牺牲阳极排流

用牺牲阳极作接地极，如图4-12所示。阳极接地电阻为土壤电阻率 ρ（单位为 $\Omega \cdot cm$）除以6000cm，不大于5.0Ω，最好小于1.0Ω。在牺牲阳极与管道连线中安装单向导通装置，杂散电流只可以通过牺牲阳极流入接地极，不可以反向流入管道。

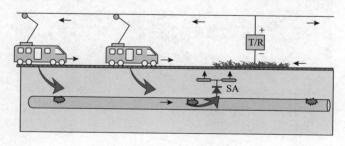

图4-12 牺牲阳极排流

2. 安装跨接线排流

在管道和铁轨（靠近牵引站）安装跨接线，杂散电流沿跨接线回到电源，如图 4 – 13 所示。这样排流减小了杂散电流回路电阻，可能会引入更多的杂散电流。因此，跨接线要安装单向导通装置，避免杂散电流沿跨接线回流。

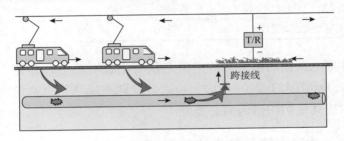

图 4 – 13 安装跨接线排流

3. 加强阴极保护抑制电流排放

在干扰严重的管段安装阴极保护站，加强阴极保护，抑制电流排放，如图 4 – 14 所示。

(a)增设阴极保护站

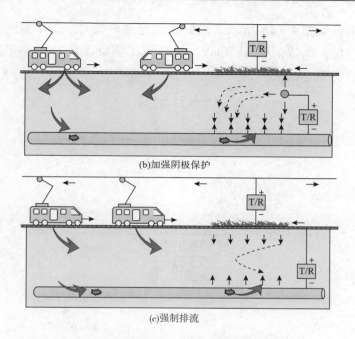

(b)加强阴极保护

(c)强制排流

图4-14 加强阴极保护抑制电流排放

五、阴极保护电源工作模式

（1）为了保证恒电位仪正常运行，在干扰严重的地区，在埋地参比电极附近安装试片并与管道连接，试片面积尽量大一些，如$30cm^2$。

（2）将恒电位仪转换成恒电流工作模式，输出电流为恒电位工作时的最大电流，夜间自动转换成恒电位工作模式。

（3）采用断电电位控制的恒电位仪，研制试片电流控制的恒电位仪，保持流经试片的电流恒定等。

六、动态直流杂散电流排流效果的评价

排流工作完成后，用试片测量断电电位，应满足阴极保护指

标要求，如图 4 – 15 所示。最好按一定通断周期，24h 监测试片断电电位，电位正于 -850mV_{cse} 的时间（测量次数）应小于测量时间（测量总次数）的 5%。

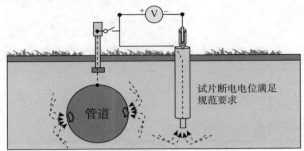

(a)试片断电电位测量

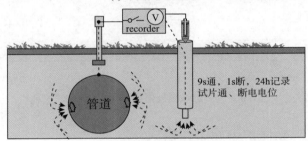

(b)试片断电电位监测

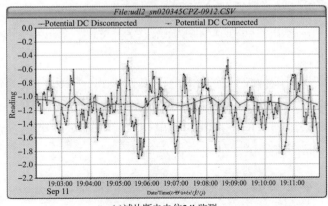

(c)试片断电电位24h监测

图 4 – 15　试片断电电位测量

第四节 高压直流输电线路干扰

一、高压直流输电线路接地极对管道的干扰原理

高压直流输电（HVDC）线路单极工作时，电流将通过电源端和负载端的接地极进行排放。如果管道靠近接地极，则电流有可能流到管道上或从管道流出，对管道造成干扰，如图4-16所示。干扰电压会达到几百伏，所以高压直流输电线路单极工作的干扰危害主要是人员、设备的安全问题，如图4-17所示。

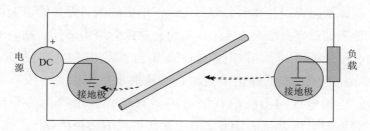

图4-16 高压直流输电线路工作原理

图4-17 高压直流输电线路

二、高压直流输电线路接地极对管道的干扰防护

高压输电线对管道的干扰主要表现为大电流对人身及设备的损坏。其防护措施是：管道尽量远离高压输电线路接地极，在靠近输电线路接地极处，管道上加密安装绝缘接头，缩短管道长度，降低管地电压；管道沿线安装接地极，单向排放管中电流。安装接地极而不进行单向导通将引入大量直流电流，尽管希望引入的电流从下一个接地极流出管道，但实际上，对于引入的杂散电流从何地排出，是无法预知和控制的。因此，最好的办法就是不让杂散电流流入管道。单向导通可能会带来管地电压过高的安全风险，应该加强管理并和电力部门沟通，单极放电时停止管道上的作业；地表铺设碎石增大人体耐压能力；加强管道阴极保护站的输出能力，尽量抵消由于杂散电流排放而引起的管地电位正向偏移。

高压直流输电线路谐波对平行管道的干扰轻微，一般不需要排流。但输电线路沿线的铁塔有可能对相邻管道产生传导型干扰，必要时可以参照传导型交流干扰防护采取防护措施。

第五节　传导型交流干扰

一、传导型交流干扰的定义

当故障电流或雷击电流沿输电塔流入大地时，会在入地位置产生电压升（GPR），相对于远地点，电压升可以达到几千伏，如图 4 – 18 所示。该电流到达附近的管道时，会导致管道上设备的破坏甚至防腐层击穿、管壁灼伤穿孔、人员伤害等，如图 4 – 19 所示。虽然这种故障并不多见，但在强风、雷雨天也容易发生，由于其后果严重，越来越引起人们的重视。为防止传导型交流电对管道

的破坏，最有效的方式是加大输电铁塔与管道的间距。

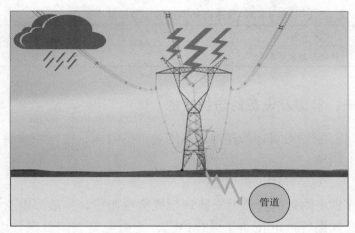

图 4 – 18 传导型交流干扰

图 4 – 19 管壁烧蚀

二、管道与输电塔间距的规定

（1）在开阔地区，埋地管道与高压交流输电线路杆塔基脚间的最小距离宜不小于杆塔高度；

（2）在路径受限地区，埋地管道与交流输电系统的各种接地装置之间的最小水平距离一般情况下不宜小于表 4 – 3 的规定。在采取故障屏蔽、接地、隔离等防护措施后，表 4 – 3 中规定的距离可适当减小。

表 4－3　管道与输电铁塔接地极最小间距

电压等级/kV	220	330	500
与铁塔接地极间距/m	5	6	7.5

三、管道及设备的防护措施

（1）将输电塔杆的接地极移到管道的对面，使间距满足规范要求的距离。

（2）安装导体材料引流。

在铁塔附近的管道上安装锌带或牺牲阳极，将故障电流导入管道，如果管地电位负于 $-1.1V_{cse}$，为避免漏失阴极保护电流，在锌带和管道之间要安装直流去耦合器，如图 4－20 所示。虽然安装接地极可以避免大电流烧穿管壁，但这将增大流入管道的电流量，加剧设备（如恒电位仪）破坏，导致绝缘接头或管道不连续处打火或损坏跨接线，增大人身危险。在管道不连续的地方要安装直流去耦合器，直流去耦合器两侧的导线要尽量短而直。

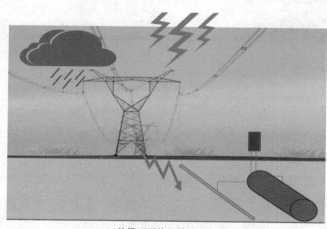

(a)传导型干扰的排流原理

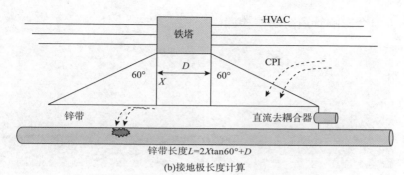

锌带长度 $L=2X\tan60°+D$

(b)接地极长度计算

图 4 - 20 引流法传导型交流干扰排流

埋设铜裸线接地极或埋设锌带接地极时，接地极距离管道一般为 1m，埋深与管道中部平齐，长度是从电力铁塔开始、120°夹角所覆盖的范围，一般不超过 40m。采用独立的锌阳极时，阳极间隔小于其长度，埋深与管道中部平齐，通过母线及直流去耦合器与管道连接。为防止锌带钝化，接地电阻增大，锌带应该用富含硫酸根离子的填料回填（如石膏粉）。

当管道采用外加电流阴极保护时，阴极保护电流可能会对接地极造成腐蚀干扰，直流去耦合器电容的充放电、锌阳极的存在会影响管道断电电位的测量。

（3）增设跨接装置。

在管道两侧安装接地极并将两侧的接地极进行跨接，将故障电流引导到管道另一侧，如图 4 - 21 所示，如新建管道用钢筋笼套在主管道上。对于已建管道，可以在管道两侧安装间隔 0.5m、深度 2.0m 的接地角钢，角钢顶端距离地面约 1m 或高于管道上顶面，角钢排距离管道约 1m。用镀锌扁钢将角钢排连接起来。将管道两侧的接地排用扁钢或电缆每隔 5m 进行一次跨接。接地排的长度可以参照图 4 - 20 计算，一般不超过 40m。也可以在管道两侧埋设锌带再跨接。这样不会对阴极保护及断电电位测量造成影响，但会影响管道防腐层检漏。

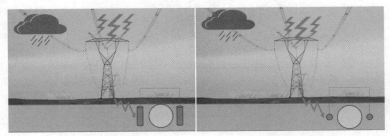

(a)管道两侧安装接地排 　　　　(b)管道两侧埋设锌带

图4-21　旁通法传导型交流干扰排流

（4）安装绝缘材料屏蔽。

用绝缘板遮挡管道或将管道用绝缘套管包裹，阻碍故障电流流到管道上，如图4-22所示。但应将阳极放置在绝缘板内部以防止对阴极保护电流的屏蔽，或用不导电密封胶将绝缘管与主管道的环形空间填充。当用竖直的绝缘板遮挡管道时，绝缘板要高出管道上顶面0.5m，下部比管道底部深0.5m，与管道间隔小于1.0m。遮挡板的长度按铺设锌带的方法计算，至少超过接地极0.5m。

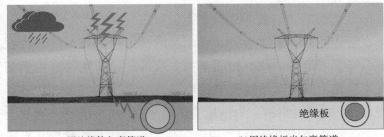

(a)用绝缘体包裹管道 　　　　(b)用绝缘板半包裹管道

图4-22　屏蔽法传导型交流干扰排流

四、高铁干扰的排流

迅猛发展的高铁在给人们带来出行方便的同时，对与其相邻的埋地设施，尤其是管道，也带来了交流干扰。多数情况下，高铁对于管道的干扰为传导型。目前对于受高铁干扰的管道，沿用的是感应型干扰的排流措施，即管道通过直流去耦合器接地，排放交流电流。这样做的结果，只是给人带来心理的安慰，实际上会使交流干扰更加严重。因为安装接地极后，由于接地极的均压作用，测量排流点的交流电压确实有所下降。但接地极降低了接地电阻，实际上是引入了更多的交流电流。该电流释放位置的交流电压不但不会降低，反而会上升。

对于该问题的争议在于，有人强调，通过一个接地极进入管道的电流会通过另外一个接地极流出去。但问题在于电流不会总按着人们的意志行事，电流从管道什么位置流出管道，影响因素甚多，不是人们能够算清楚的，接地极不会总被安装到对的位置。

正确的排流措施是管道通过极性排流器排流，只允许交流电负半波流出管道，不允许交流电正半波流入管道。极性排流会导致管地直流电位负向偏移，这对管道的的阴极保护是有益的。但极性排流的降压效果会有所下降，需要安装更大的接地极。

五、人身安全防护措施

1. 跨步电压

故障电流流入大地时，会在地面产生电压场，处于电压场中的人员，两只脚之间的电压差称为跨步电压，如图 4 – 23 所示。

图 4 - 23　跨步电压和接触电压

2. 接触电压

人与设备的接触点和脚之间的电压称为接触电压，如图 4 - 23 所示。

3. 人体耐受电压

根据公式（4 - 1）和公式（4 - 2）可以计算出人体耐受跨步电压和接触电压的能力。人体电压耐受能力与体重有关。公式中的 ρ 为土壤电阻率（单位为 $\Omega \cdot m$），t_s 为故障持续时间（单位为 s），下角标中的 70 和 50 分别表示体重 70kg 和 50kg。

$$V_{step70} = (1000 + 6\rho)\frac{0.157}{\sqrt{t_s}}, \quad V_{step50} = (1000 + 6\rho)\frac{0.116}{\sqrt{t_s}}$$

$$(4 - 1)$$

$$V_{touch70} = (1000 + 1.5\rho)\frac{0.157}{\sqrt{t_s}}, \quad V_{touch50} = (1000 + 1.5\rho)\frac{0.116}{\sqrt{t_s}}$$

$$(4 - 2)$$

4. 铺碎石及安装均压垫

大多采用在地表铺设碎石增大人体接地电阻或安装均压垫的方式，提高人员的安全防护，如图 4 - 24 所示。为防止阴极保护电流的漏失，均压垫和设备之间应安装直流去耦合器，以达到通交隔直的目的。均压垫多由锌带或镀锌扁钢做成，埋入地表以下30cm 位置或安装在地表，由于它与设备连通，和设备等压，只要人体站在上面，即便人的双手接触到设备，施加到人身上的电压也很低。铺设碎石后，按下式计算人体耐受电压：

(a)地表铺设碎石增大电阻　　　　　(b)安装接地栅均压

图 4 – 24　地表铺设碎石或安装均压垫

$$V_{\text{touch}50} = (1000 + 1.5\rho_s \times C_s)\frac{0.116}{\sqrt{t_s}}, \quad C_s = 1 - \frac{0.09\left(1 - \dfrac{\rho}{p_s}\right)}{2h_s + 0.09} \quad (4-3)$$

式中　C_s——表层降阻系数；

　　ρ——下部土壤电阻率，$\Omega \cdot m$；

　　ρ_s——表层电阻率，$\Omega \cdot m$；

　　h_s——表层厚度，m。

第六节　感应型交流干扰

一、感应型交流干扰的产生

当管道与高压输电线路平行时，管道切割输电线路电场磁力线，由于管道和三根输电线路的间距不同，输电线路中的电流也不尽相同（不平衡电流），所以管道上感应出交流电压和交流电流。其原理相当于输电线路是变压器的初级线圈，管道是变压器的次级线圈，如图4-25所示。当交流电通过防腐层缺陷点流入

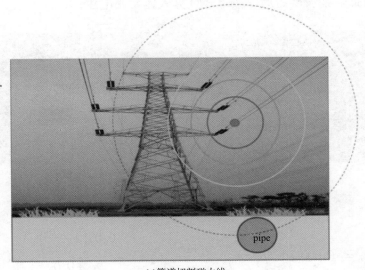

(a)管道切割磁力线

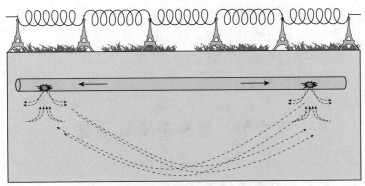

(b)高压线和管道构成变压器初级、次级线圈

图4-25　感应型交流干扰的产生

流出土壤时，将导致管体的腐蚀。交流电压高时，也给人身安全带来风险。交流腐蚀现象自 20 世纪 90 年代早期发现后，其腐蚀机理仍处在研究阶段。

管道与输电线路距离越近，平行长度越长，防腐层越好，土壤电阻率越高，感应电压越高。管道距离输电线路越远，平行距离越短，感应电压越低。如果高压输电线路与管道平行距离小于 2km，或间隔大于 500m，一般不会在管道上感应出交流电压。埋地电力电缆的三相导线和管道距离几乎一样，且多数铠装，所以即便埋地电力电缆与管道并行，也不会在管道上感应出交流电压（除非三相导线电流严重不平衡）。处于安全方面的考虑，埋地电力电缆与管道的间距一般要求大于 0.5m。

二、感应型交流干扰的检测

当怀疑管道受交流干扰时，通常是通过测量管地交流电压，确认交流干扰的存在。当管道交流电压超过 4V 或交流电压低于 4V 但土壤电阻率很低时，就应该测量附近土壤电阻率，对交流腐蚀的风险进行评估。对于质量好的防腐层（如 3LPE），参比电极位于管道正上方或离开管道，其测量结果没有差别。

三、感应型交流干扰程度的评价

（1）根据交流电流密度的不同，将交流电干扰程度划分为三个级别，见表 4 - 4。

表 4 - 4 交流干扰程度评价

交流干扰程度	弱	中	强
交流电流密度/（A/m²）	<30	30 ~ 100	>100

（2）根据交流电压和土壤电阻率计算交流电流密度：

$$I_{ac} = \frac{8V_{ac}}{\rho\pi d} \qquad\qquad (4-4)$$

式中　V_{ac}——交流电压，V；

　　　ρ——土壤电阻率，$\Omega \cdot m$；

　　　d——防腐层缺陷点直径，取 0.0113m（防腐层破损点面
　　　　　积在 $1\sim3cm^2$ 时容易腐蚀）。

当交流电流密度大于 $100A/m^2$ 时，容易发生交流腐蚀，应采取措施进行排流。

四、感应型交流干扰电压分布特点

管道交流电压峰值出现在管道电磁场不连续处，如管道绝缘接头处或管道弯头处，输电线路转弯处或换相处。

（1）对于防腐层好的管道，一点接地，另一点的交流电压可能会加倍，如图 4-26 所示。

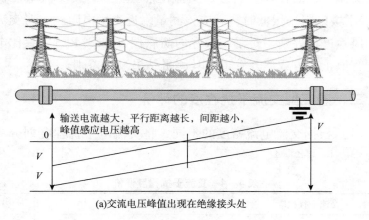

(a)交流电压峰值出现在绝缘接头处

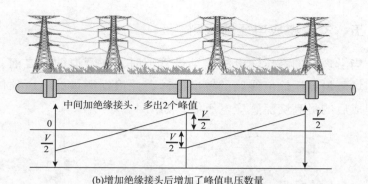

(b)增加绝缘接头后增加了峰值电压数量

图4-26 优质涂层交流电压的分布

（2）对于防腐层差的管道，一点接地，另一点的交流电压可能不变，如图4-27所示。

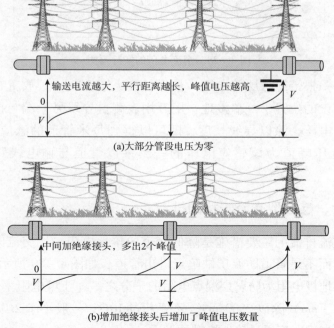

(a)大部分管段电压为零

(b)增加绝缘接头后增加了峰值电压数量

图4-27 差涂层交流电压的分布

五、交流感应电压的预测

当沿现有的高压输电线路铺设管道时，在管道铺设之前，可以现场测量高压输电线路的感应电压，并根据测量的电压预估管道建成后的最高交流感应电压值，如图 4 – 28 所示。

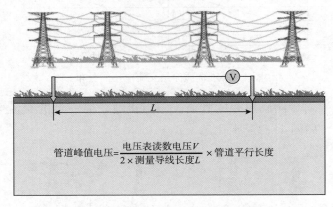

$$管道峰值电压 = \frac{电压表读数电压 V}{2 \times 测量导线长度 L} \times 管道平行长度$$

图 4 – 28　交流电压的实际预测

用一根带绝缘层的导线（最好长度大于 100m），放置在管道将要铺设的位置，一端接地，用万用表测量导线另一端与接地极之间的电压，除以导线长度，即可以得到每米管道的感应电压。管道电压峰值为该感应电压的一半乘以管道与输电线路平行长度。

六、感应型交流干扰的排流

交流排流的主要措施是降低管道的接地电阻，让交流电通过接地极而不是管道防腐层缺陷点进出管道，如图 4 – 29 所示。

接地极电阻为防腐层漏点电阻的千分之一［土壤电阻率 ρ（单位为 $\Omega \cdot cm$）除以 2000cm］，不要超过 10Ω，一般小于 2.0Ω，绝大部分交流电流通过接地极排放。

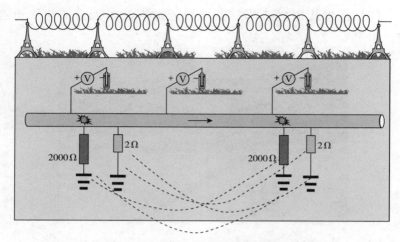

图 4 – 29　感应型交流干扰的排流原理

（1）锌带或牺牲阳极通过直流去耦合器与管道连接，如图 4 – 30所示。用镁阳极作接地极时，当镁阳极表面交流电流密度 大于100A/m² 时，镁阳极电位正向偏移，当交流电流密度大于 150A/m² 时，镁阳极的电位比碳钢结构电位还正。一般情况下， 应保持镁阳极表面交流电流密度小于10A/m²，镁阳极与管道直连 时要注意其电位的偏移对阴极保护的影响。

图 4 – 30　锌带接地极交流干扰排流

（2）浅埋接地极或深井接地极通过直流去耦合器与管道连接，如图4－31和图4－32所示。

图4－31　浅埋接地极交流干扰排流

图4－32　浅埋接地极交流排流设施

（3）通过站场、阀室接地极排流。用直流去耦合器跨接绝缘接头，在保护绝缘接头的同时，利用站内接地系统排放交流杂散电流，如图4－33所示。

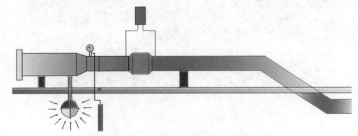

图4－33　通过站场、阀室接地极排流

（4）通过管道金属套管排流。由于金属套管相当于将远地点移到防腐层缺陷点附近，减小了漏点对地电阻，所以当管道受交流干扰时，套管要与主管道通过直流去耦合器连接，如图4-34所示。

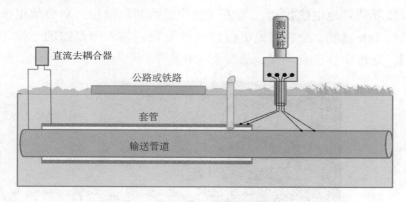

图4-34　通过钢套管排流

七、感应型交流干扰排流效果的评价

排流后，交流电流密度小于60A/m^2，管道交流电压平均值低于15V安全电压（24h平均值），电压峰值低于60V。为了加强人身防护，测试桩或人体接触管道位置下面铺设碎石以增大人体接地电阻，提高耐压等级，或安装与管道通过直流去耦合器隔离的均压垫，减小人体所承受的电压。

第七节　地磁电流干扰

一、地磁电流干扰的产生

太阳风暴、地球自转、潮汐及海浪都将导致地球表面的磁力线变形或大地中有电流流动，如图4－35所示。管道埋设在地表，当地球磁力线扰动时，管道切割磁力线感应出电流。当管道靠近两极，东西向铺设或接近湖、海时，该现象更为明显。由于该过程比较缓慢，可以把这种干扰归为感应产生的直流干扰。地磁干扰将导致管地电位扰动，无法测量管道的断电电位。对管地电位进行24h监测，分析管地电位曲线将发现，与人为设施的干扰不同，这种干扰没有规律，如图4－36所示。

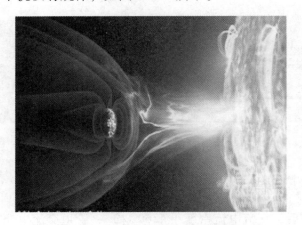

图4－35　地磁电流干扰的产生

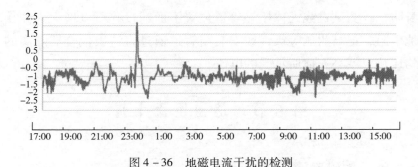

图4－36　地磁电流干扰的检测

二、地磁电流干扰的排流

地磁电流干扰的排流主要是安装牺牲阳极或阴极保护站，加强管道的阴极保护。

三、地磁电流干扰排流效果的评价

排流后，通过试片测量断电电位来评价排流及阴极保护效果，试片电位应满足规范指标要求。

第五章 阴极保护系统维护

第一节 阴极保护系统试运行

一、被保护管道的检查

（1）没有绝缘就没有保护。为了确保阴极保护的正常运行，在施加阴极保护电流前，必须确保管道的各项绝缘措施正确无误。应检查管道的绝缘接头的绝缘性能是否正常；管道沿线布置的设施如阀门、闸井均应与土壤有良好的绝缘；管道与固定墩、跨越塔架、穿越钢套管处也应有正确有效的绝缘处理措施。管道在地下不应与其他金属构筑物有"短接"等故障。

（2）管道表面防腐层应无漏敷点，所有施工时期造成的缺陷与损伤，均应在施工验收时使用 PCM 检漏仪或音频检漏仪进行检测，修补后回填。

（3）管道导电性检查：被保护管道应具有连续的导电性能。

二、阴极保护设施的验收

（1）检查阴极保护间内所有电气设备的安装是否符合《电气设备安装规程》的要求，各种接地设施是否完成，并符合图纸设计要求。

（2）检查阴极保护的站外设施的选材、施工是否与设计一致。检查对通电点、测试桩、阳极地床、阳极引线的施工与连接应严格符合规范要求。检查恒电位仪接线，正极接阳极地床，负极接管道，要认真核对，严禁电极接反。

（3）图纸、设计资料齐全完备。

三、阴极保护系统试运行

（1）组织人员测定全线管道的自然电位（该工作要在临时阴极保护拆除 24h 后进行）、阳极地床的自然电位、土壤电阻率、各站阳极地床接地电阻，同时对管道环境有一个比较详尽的了解，这些资料均需分别记录整理，存档备用。

（2）阴极保护站投入运行：按照直流电源（整流器、恒电位仪、蓄电池等）操作程序给管道送电，此时管地电位负向偏移，使管道电位保持在 $-1.30V_{cse}$ 左右（土壤电阻率高时，可以将电位设置得更负些），待管道阴极极化一段时间（4h 以上）后开始测试直流电源输出电流、电压、通电点电位、管道沿线通电电位等。若个别管段保护电位过低，则需再适当调节通电点电位直至全线阴极保护电位达到保护电位为止。

（3）保护电位的控制：各站通电点电位的控制数值，应能保证相邻两站间的管段保护电位（消除 IR 降）达到 $-0.85V_{cse}$，同时，各站通电点最负电位不允许超过规定数值（$-1.20V_{cse}$ 或 $-1.15V_{cse}$ 断电电位）。调节通电点电位时，管道上相邻阴极保护站间加强联系，保证各站通电点电位均衡。由于测量瞬时断电电位需要同时通断电源，程序繁琐，建议在汇流点处、两个阴极保护站的中间位置以及地质地貌变化大的区域安装试片，用来测量管道的极化电位。

（4）当管道全线达到最小阴极保护电位指标后，投运操作完毕。各阴极保护站进入正常连续工作阶段。应在 30 天之内，进行全线密间隔电位测量，以确保管道各点达到阴极保护规范要求。以后，每 5 年进行一次近间距电位测量，之间要多次进行测试桩管道通电电位、套管电位、绝缘接头电位的测量。

第二节　阴极保护系统维护周期

阴极保护系统维护周期见表5-1。

表5-1　阴极保护系统维护周期

项　目	内　容	检查周期
强制电流系统	（1）检查阴极保护电源运行情况 （2）记录阴极保护电源设备的运行参数	每天
	综合测试强制电流阴极保护系统的性能，宜包括： （1）阴极保护电源运行情况检测 （2）阳极地床的接地电阻测试 （3）阴极保护电源接地系统性能测试 （4）电源设备控制系统检测 （5）电源设备输出电压与输出电流校核	≤6个月
长效硫酸铜参比电极	测量与校准参比电极的误差	≤3个月
安装阴极保护检查片或者极化探头的测试桩	（1）检查片的ON/OFF电位 （2）检查片上的电流	≤3个月
所有测试桩	测量断电电位	≤三年
关键测试桩	测量通电电位	≤6个月
与外部构筑物的连接（电阻跨接或者直接跨接）	设备功能的全面测试、电流大小与方向、电位	≤6个月
牺牲阳极系统	综合测试牺牲阳极系统，宜包括： （1）输出电流 （2）管地电位 （3）接地电阻	≤6个月
绝缘装置	电绝缘装置的有效性	≤6个月
防浪涌保护器	防浪涌保护器的有效性	≤6个月

第三节 阴极保护站的维护

一、恒电位仪输出参数的校对

将恒电位仪开启，电压表的红表笔连接输出正极，黑表笔连接输出负极，电压表电压读数和恒电位仪电压读数一样，将万用表黑表笔连接参比电极，红表笔连接零位接阴，电压表读数和恒电位仪参比电位一致，用钳形电流表或把电流表串联在阴极回路中，测量的电流值应该和设备显示电流值一致，如图 5-1 所示。注意钳形电流测量精度一般较低，串联电流表会影响回路电阻，导致测量的电流小于实际电流（测量值和恒电位仪显示值应该一致）。最好在恒电位仪输出回路中安装有标准电阻（分流器），通过测量标准电阻的压降计算输出电流。

图 5-1 恒电位仪输出参数的校对

二、埋地参比电极的校对

关闭恒电位仪，等待管地电位去极化。用埋地参比电极测量管道的去极化电位，再用便携式参比电极在汇流点位置测量管道的去极化电位，两者的差值应小于 50mV。便携参比电极应尽量靠近埋地参比电极位置。

三、阴极保护系统电缆的区分

恒电位仪面板有四根电缆线，正极连接阳极地床，负极连接被保护结构，零位接阴连接被保护结构，参比电极连接埋地参比电极，如图 5 – 2 所示。可以通过测量两两电缆之间的电阻把阴极电缆线和零位接阴线与其他电缆线区分开。剩余的两根电缆线，可以用万用表黑表笔连接其中一根线，红表笔连接零位接阴线，如果读数为 $-0.6V_{cse}$ 左右，则黑表笔连接的是参比电极，剩余的一根电缆线为阳极电缆线。根据阳极材料以及填包方式的不同，电位可能是 $0.2V_{cse}$、$-0.6V_{cse}$、$-0.9V_{cse}$ 等。如果测量的电缆电位为 $-0.2V_{cse}$，可能是电缆线断路，铜芯与土壤接触。

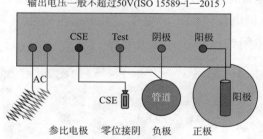

图 5 – 2　恒电位仪接线面板

四、恒电位仪故障诊断

1. 电源输出电压升高至报警，输出电流为零

外电路断路：测量零位接阴电缆与阴极电缆之间的电阻，如果两根电缆线仍然导通，则是阳极电缆断路。

2. 电源输出电压、电流持续升高，管道保护不达标

（1）管道与非保护结构搭接：检查绝缘接头是否被搭接，钢

套管是否与主管道短路，防腐层质量是否太差等。

（2）埋地参比电极失效：用便携式参比电极校对埋地参比电极是否失效。

3. 电源输出电压显示为 1.0V 左右、输出电流为零，管道保护达标

相邻阴极保护站输出电流太大或管道防腐层质量很高，导致管地电位已经负于设定电位值。无需恒电位仪输出电流，将设定电位负向调整，随即将有电流输出。

4. 电源输出电压升高、输出电流不变，保护电位达标

阴、阳极回路中电阻增大，可能是由土壤干燥或部分阳极失效造成的，也可能是由跨接线断路造成的。

5. 管道断电电位比通电电位更负

当管道或参比电极位置受到干扰时，经常会发现，管道断电电位比通电电位还负，如站内外阴极保护相互干扰时，测量站外管道的通电电位有时比断电电位还正，如图 5-3 所示。因为通电电位读数中，含有站内区域保护电流在土壤中产生的电位梯度，

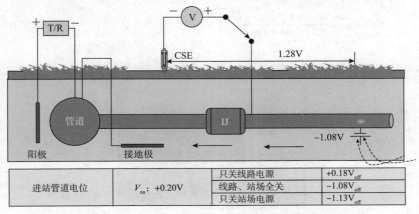

进站管道电位	V_{on}: +0.20V	只关线路电源	+0.18V_{off}
		线路、站场全关	−1.08V_{off}
		只关站场电源	−1.13V_{off}

图 5-3　参比电极位于阴极电压场对电位读数的影响

如果埋地参比电极电位受到干扰，将严重影响恒电位仪输出电流。在参比电极附近埋设试片，看能否保持恒电位仪正常输出。离开参比电极位置，管地电位可能明显偏负。

五、阳极地床接地电阻的计算

阴极保护电源开启后，阳极电位正向偏移，阴极电位负向偏移，如图5-4所示。将万用表调至直流电压挡，黑表笔连接参比电极，红表笔连接阳极接线端钮，测量阳极的通电电位，关闭电源后，测量阳极的瞬时断电电位，其差值除以恒电位仪输出电流即为阳极地床接地电阻。关闭电源后，瞬时测量阴、阳极之间的电位差（称为反电动势），如图5-5所示。电源输出电压减去反电动势，除以电源输出电流即为阴、阳极回路电阻。

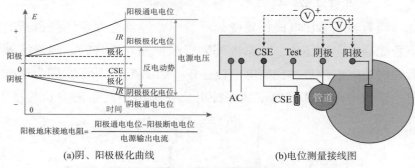

(a)阴、阳极极化曲线   (b)电位测量接线图

图5-4　阴极保护系统阴、阳极电位极化及测量

图5-5　阴极保护电源反电动势测量

六、阳极地床故障诊断

1. 部分阳极失效

阳极地床故障主要表现为回路电阻增大或断缆，如果阳极地床接地电阻增大，可能是由部分阳极失效造成的。对于浅埋阳极地床，可以通过测量地表电压场的方式确定失效阳极位置，如图 5 - 6 所示。

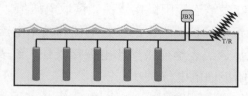

图 5 - 6　阳极工作时地表电压场

将一支便携参比电极离开阳极地床约 50m 放置，另一支参比电极自阳极地床一端向另一端移动。将万用表调至直流电压挡，黑表笔连接远处的参比电极，红表笔连接阳极地床正上方的参比电极，每移动 0.5m 读一次参比电极之间的电位差，直到阳极地床另一端。把电位读数及移动距离绘制成电位曲线，没有电压场峰值的位置为失效阳极的位置。

2. 电缆断点的查找

发现阳极或阴极电缆线断路后，可以采用 PCM 及 A 型架方式，确定电缆的走向以及断路点。测量时，PCM 信号通过恒电位仪处阳极电缆施加到阳极上。该方法适用的前提是电缆断路处与土壤接触，否则很难施加信号。

第四节 阴极保护系统日常维护

一、阴极保护电源参数测量

1. 测量步骤

（1）输出电压测量：将万用表调至直流电压挡，黑表笔连接阴极接线柱，红表笔连接阳极接线柱，读取电压值。

（2）记录恒电位仪面板上的设定电位和输出电流。

（3）将电压表黑表笔连接参比电极接线柱，红表笔连接阳极接线柱，读取阳极通电电位。

（4）关掉电源，读取阳极瞬时断电电位。

2. 阴极保护电源测量记录

阴极保护电源测量记录见表 5 – 2。

表 5 – 2 阴极保护电源测量记录

阴极保护站名称、里程	输出电压 V_{output}/V	输出电流 I/A	设定电位 /mV_{cse}	阳极通电电位 V_{on}/V	阳极断电电位 V_{off}/V	接地电阻 R/Ω $\left(R = \dfrac{V_{on} - V_{off}}{I}\right)$

二、管道沿线电位测量

1. 测量步骤

（1）恒电位仪开启之前，将参比电极放到测试桩附近适当位置，如果地表干燥，则浇清水润湿，然后放置参比电极并与土壤接触紧密。将万用表调至直流电压挡，黑表笔连接参比电极，红表笔连接测试桩中的测试线，电压表读数即为管道自然电位。

（2）将恒电位仪开启，运行24h，测量管地电位为通电电位。将万用表调至交流电压挡，读取交流电压。

（3）用通断器中断恒电位仪电源，在断电后0.3～0.5s内读取的管地电位即为管道的瞬时断电电位。

2. 管道沿线电位测量记录

管道沿线电位测量记录见表5－3。

表5－3　管道沿线电位测量记录

测试桩桩号或坐标	测试桩里程/km	通电电位/mV_{cse}	交流电压/V_{cse}	断电电位/mV_{cse}	土壤电阻率/$\Omega \cdot m$

三、试片电位测量

1. 测量步骤

（1）将试片埋置在管道测试桩附近，埋深大于0.8m，在试片上方放置参比管并通到地面以上。将试片上方的土壤填满压实，参比管内用土壤填满压实。将参比电极放到参比管内，如果土壤干燥，则浇清水润湿。将万用表调至直流电压挡，黑表笔连接参比电极，红表笔连接试片，测量试片的自然电位。

（2）将试片与管道连接，极化15min，读取试片的通电电位。断开试片与管道的连线，读取试片的断电电位。

（3）将试片与管道继续连接15min，再次读取试片的通电电位和断电电位。如果断电电位变化不大，则认为试片已经充分极化，记录试片通、断电电位。必要时，将电流表串联在试片与管道连线中（试片面积最好大于10cm²），测量流经试片的电流。

（4）保持试片与管道断开15min，读取试片的去极化电位。

2. 试片电位测量记录

试片电位测量记录见表 5 – 4。

表 5 – 4　试片电位测量记录

测量位置编号	自然电位/mV$_{cse}$		通电电位/mV$_{cse}$			断电电位/mV$_{cse}$		去极化电位/mV$_{cse}$		电流/mA	
	最大	最小	最大	最小	平均	最大	最小	最大	最小	DC	AC

四、管道设施绝缘性能测试

1. 测量步骤

（1）关掉绝缘接头站场一侧的阴极保护电源，保持外管道一侧阴极保护电源正常工作。将参比电极放到绝缘接头附近适当位置，如果地表干燥，则浇清水润湿，参比电极与土壤接触紧密。将万用表调至直流电压挡，黑表笔连接参比电极，红表笔连接绝缘接头一侧，读取电位。保持参比电极位置不变，将万用表红表笔连接绝缘接头另一侧，读取电位。如果电位差小于 100mV，应进一步确认绝缘性能。也可以直接用万用表测量绝缘接头两侧的电位差。

（2）对于阀室和主套管，分别测量阀体 – 地网电位和主管 – 套管电位。测量时保持参比电极位置不变。也可以直接用万用表测量电位差。如果电位差小于 100mV，应进一步确认绝缘性能。

2. 管道设施测量记录

管道设施测量记录见表 5 – 5。

表 5 – 5　管道设施测量记录

测量位置里程（桩号）	阀室电位/mV$_{cse}$		绝缘接头电位/mV$_{cse}$		主、套管电位/mV$_{cse}$	
	阀体	地网	受保护侧	非保护侧	套管	主管

五、牺牲阳极性能测量

1. 测量步骤

（1）牺牲阳极与管道连接时，测量管地电位，为管道闭路电位。

（2）将阳极与管道断开，测量阳极的电位，为阳极开路电位。

（3）将电流表串联到牺牲阳极与管道的连线中，测量牺牲阳极输出电流。测量时，将万用表调至直流电流挡，红表笔连接管道一侧，黑表笔连接牺牲阳极一侧，读数应该为正值。

2. 牺牲阳极测量记录

牺牲阳极测量记录见表 5 – 6。

表 5 – 6　牺牲阳极测量记录

牺牲阳极坐标（桩号）	开路电位 V_{open}/mV$_{cse}$	闭路电位 V_{close}/mV$_{cse}$	输出电流 I/mA	牺牲阳极接地电阻 R/Ω $\left(R = \dfrac{V_{open} - V_{close}}{I} \right)$

六、土壤电阻率测量

1. 测量步骤

（1）在与管道垂直方向，按 2m 间隔插入接地极，距离管道

阴极保护系统维护

最近的接地极与管道间隔要大于接地极间隔。按顺序与接地电阻测量仪上的接线柱连接。

（2）转动仪器手柄，并旋转度盘，保持指针始终指向零点。读取度盘数值并乘以倍数即为电阻值。如转动手柄而指针不偏移，则检查导线是否有断线。

2. 土壤电阻率测量记录

土壤电阻率测量记录见表5-7。

表5-7　土壤电阻率测量记录

测量位置或坐标（桩号）	接地极间距 a/m	电阻值 R/Ω	电阻率 $\rho/\Omega \cdot m$（$\rho = 2 \times \pi \times R \times a$）

七、交流排流设施测量

1. 测量步骤

（1）将参比电极放到测试桩附近适当位置，如果地表干燥，则浇清水润湿，然后放置参比电极并与土壤接触紧密。将万用表调至直流电压挡，黑表笔连接参比电极，红表笔连接测试桩中的测试线，测量直流去耦合器管道一侧电位；电位波动时记录最大值、最小值和平均值。

（2）将万用表调至交流电压挡，测量直流去耦合器管道一侧交流电压；电压波动时记录最大值、最小值和平均值。

（3）在直流去耦合器接地极一侧重复上述测量。

（4）将万用表调至电流挡，串联在接地极与管道的连线中，测量直流、交流电流，或用钳形电流表直接测量。

（5）用三极法测量接地极接地电阻。

2. 交流排流设施测量记录

交流排流设施测量记录见表 5－8。

表 5－8　交流排流设施测量记录

排流位置	接地电阻/Ω	管地电位/V_{dccse}			管地电压/V_{accse}		
		最大	最小	平均	最大	最小	平均

接地极电位/V_{cse}			接地极电压/V_{cse}			直流排流电流/mA			交流排流电流/mA		
最大	最小	平均	最大	最小	平均	最大	最小	平均	最大	最小	平均

八、直流排流设施测量

1. 测量步骤

（1）将参比电极放到测试桩附近适当位置，如果地表干燥，则浇清水润湿，然后放置参比电极并与土壤接触紧密。将万用表调至直流电压挡，黑表笔连接参比电极，红表笔连接测试桩中的测试线，测量管地电位。

（2）将万用表调至电流挡，串联在接地极与管道的连线中，测量直流、交流电流。

2. 直流排流设施测量记录

直流排流设施测量记录见表 5－9。

表 5－9　直流排流设施测量记录

排流位置	接地电阻/Ω	管地电位/V_{dccse}			排流电流/mA		
		最大	最小	平均	最大	最小	平均

第五节 阴极保护系统维护中的安全防护

人的生命只有一次，所有工作开始前，都要对安全进行评估，对风险进行识别。做到不安全的环境绝不开始工作，确实做到三思而后行。

一、人身防护

要穿戴适合的劳动保护服装、佩戴眼镜等，做好人身安全防护。工作张弛有度，保证饮食、营地环境卫生。夏天防止高温中暑，冬天防止寒冷冻害。

二、乘车安全

阴极保护维护过程中，大量时间花在路上，乘车要遵守交通规则，系好安全带。严禁酒后驾车，超速行车。乘车人中，职位最高或岁数最大的人对行车安全负责。

图 5 - 7　电源柜挂牌上锁

三、用电安全

设备上的开关关闭并不代表设备不带电。需要进行设备内部检查时，一定要断掉总电源，并做到挂牌上锁，如图 5 - 7 所示。标签上应注明断电原因、断电人姓名以及联系方式。只有挂锁人才有资格去掉挂锁，开启电源。维修电器设备人员要有相应的资质。

四、防爆区工作安全

在站场内部工作时，要遵守站场防火防爆的规定，打开接线箱前，要确认没有可燃气体或已经断电。

五、野生动物的伤害

在野外工作时，要注意蛇、虫、马蜂等动物的侵害，如图5-8所示。高山密林中要配备通讯设备，长途跋涉时要携带充足的食物和水，必要时，双车出行。

图5-8　野生动物的防备

六、高压线下方及沟下作业

野外测量管地电位时，尤其当上方有高压线时，要先放置参比电极，后与管道连接。先测量交流电压，再读直流电位。尽量采用单手操作。沟下作业时，要预留逃生通道，防止洪水浸泡。

第六章　阴极保护系统维护问题分析

第一节　交流排流对管地电位的影响

一、交流极性排流对管地电位的影响

电磁感应导致管道上正负电荷向管道两端移动，造成一端电压正向偏移，另一端电压负向偏移。管地电压按着 50Hz 的频率在波动。如果防腐层有漏点，交流电流将离开电压正的一侧，通过土壤向电压负的一侧流动。因此，在某一时刻，管道一侧电流流出，另一侧电流流入。

当采用极性排流方式进行交流电排流时，交流电正半周时电流通过二极管排向接地极，而负半周时二极管截止，电流只能通过土壤流入管道，其结果是脉动电流流向管道，为管道提供阴极保护。如图 6-1 所示，当存在交流干扰时，管地电位明显低于没有交流干扰时的管地电位。有交流干扰时，管道的断电电位也略低于没有交流干扰时的断电电位。当测量管道自然电位并发现管地电位异常负时，这种交流排流装置的影响可能是一个原因。在防腐层质量良好的情况下，交流极性排流所产生的保护电流会足够大，导致恒电位仪停止输出并为管道提供足够的阴极保护电流。

交流干扰极性排流导致管地电位总体负向偏移，交流排流接地极加强了管道的阴极保护。交流极性排流相当于沿管道安装了多个阴极保护站。这些阴极保护站除了提供阴极保护外，还起到一定的交流排流作用。如果管道没有交流干扰，则采用牺牲阳极

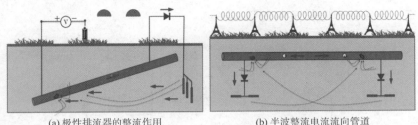

(a) 极性排流器的整流作用   (b) 半波整流电流流向管道

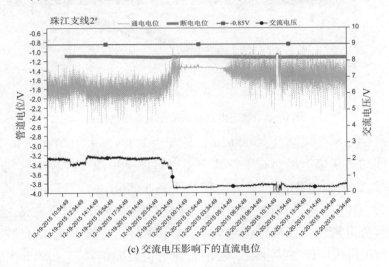

(c) 交流电压影响下的直流电位

图 6 – 1 交流极性排流的整流作用

的极性排流接地极将起到排流和提供阴极保护电流的作用。

二、恒电位仪的极性排流作用

恒电位仪内部的桥式整流电路，相当于一个单向排流装置，阳极地床为排流接地极，如图 6 – 2 所示。当管道上的交流电流为正半周时，电流通过整流二极管从管道流向阳极地床，并通过大地流回到管道其他位置；当管道上的交流电流为负半周时，整流二极管截止，这时，电流只能通过土壤及防腐层进入管道，其结果相当于一个半波整流电源，给管道施加一个单向脉冲直流电流，导致管地电位负向偏移。

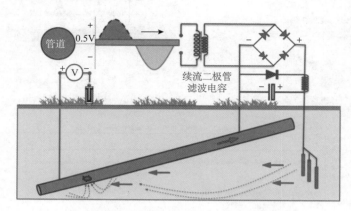

图 6-2　整流电路对管道交流电压的整流

例如某管道直径为 600mm，长度为 25km，采用 3PE 防腐层，沿线与高压输电线路有平行及交叉。阴极保护调试过程中（见图 6-3），将恒电位仪的阴极电缆从设备上拆下来，测量的管地电位为 -1037mV$_{cse}$，管地交流电压为 5.87V，阳极电缆与设备之间的直流电流为 1.104A（从管道流向阳极）、交流电流为 1.37A；将阳极电缆与设备接通后，管地直流电位负向偏移至 -1915mV$_{cse}$，交流电压降低到 4.039V。

(a)管地直流电位　　　　　　　　(b)管道交流电压

(c)整流产生的直流电流

(d)阳极地床排放的交流电流

(e)管地电位负向偏移

(f)交流电压降低

图 6 - 3 阴极保护电源的整流作用

　　该测试证明，当恒电位仪滤波电容小或者设计不当时，恒电位仪自身的交流极性排流作用就可以将管地电位负向偏移900mV。因此，在管道自然电位测量时，恒电位仪交流极性排流对管地电位的影响不能忽视。这种整流作用有利于管道的阴极保护，无需整改，但会造成恒电位仪开机后无电流输出甚至报警。测量管道的自然电位时，得到的是虚假的值。

　　几天后，在恒电位仪关闭，仅靠其内部整流电路对管道上的交流电压进行半波整流的情况下，从管道流向地床的直流电流达到0.996A，该电流相当于有阴极保护电流施加到管道上，导致管地电位从 $-0.903V_{cse}$ 负向偏移到 $-1.706V_{cse}$。管道沿线埋设了面积约为 $6.5cm^2$ 的试片，试片的断电电位均满足 $-850mV_{cse}$ 阴极保护指标要求。恒电位仪及地床同时具有交流排流作用，排除交流电流约

阴极保护系统维护

1.28A，导致管道的交流电压从 5.205V 降低到 3.816V，如图 6-4 所示。

(a)管地电位及排放电流

(b)管道电压及排放电流

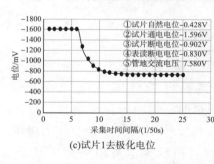

(c)试片1去极化电位

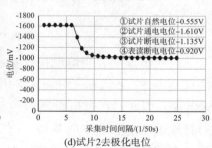

(d)试片2去极化电位

图 6-4　管地电位的变化及试片断电电位

三、直流去耦合器的直流漏电问题

1. 通过直流去耦合器电容引入的杂散电流

当管道通过直流去耦合器连接接地极时，直流去耦合器能够防止阴极保护电流的泄漏，因为直流去耦合器具有通交、隔直的作用。但直流去耦合器的这个性能是通过内部的电容来完成的。当管道受到动态直流干扰时，如果管道上安装直流去耦合器，随着管地直流电位的波动，直流去耦合器中的电容持续充放电，也会导致直流电流流入、流出

图 6 - 5　动态直流电流通过电容器

管道。如图 6 - 5 所示，管地电位波动范围为 $2.0 \sim -5.0V_{cse}$，通过 $100mF$ 电容器的直流电流达到 $160mA$，引入直流电将加剧管地电位的波动。

2. 通过直流去耦合器二极管引入的杂散电流

当管地电位波动超过直流去耦合器中二极管导通电压限定值时，直流杂散电流会经过二极管进、出管道。如图 6 - 6 所示，直流去耦合器的实际测量数据如下：

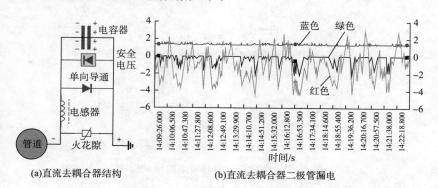

(a)直流去耦合器结构　　(b)直流去耦合器二极管漏电

图 6 - 6　直流去耦合器漏电

（1）红色：管地电位。

（2）蓝色：去耦合器两侧电压差。

（3）绿色：直流电流，正值为从管道流到接地极，负值为从接地极流到管道。

（4）二极管导通电压：－3V／＋3V。

（5）当管道和接地极之间的电位差大于3V时，杂散电流通过二极管进入管道，最大引入电流能达到几安培。应该去掉反向二极管（从接地极指向管道的二极管），或将其导通电压值设置在安全电压，如35V。

四、直流去耦合器对管地电位的影响

1. 直流去耦合器充放电对管地电位的影响

进行管道通断电电位测量时，在阴极保护电源通的时间段，直流去耦合器电容充电，在阴极保护电源断的时间段，电容将放电，相当于阴极保护电源断电期间仍有电流流向管道，导致管道断电电位测量误差。其影响是导致管道断电电位测量值比真实值偏负，如图6-7所示。

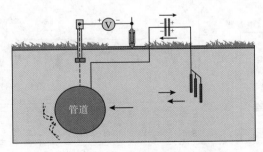

图6-7　电容充放电对管地电位的影响

2. 直流去耦合器对管道断电电位测量影响实例

某管道直径为317mm，3PE防腐层，管道长度为6km，距离上游2km处有一个阀室，阀室进出口有绝缘法兰，全线共有4个PCR（直流去耦合器）。CIPS测量时，通电4s，断电1s。

（1）PCR 随着变压整流器通断而充放电，每个 PCR 的放电电流最大达到 40mA 左右，影响了断电电位的测量。$V_{on} = -1410\text{mV}_{cse}$ 时，$V_{off} = -1380\text{mV}_{cse}$。

（2）拆除 PCR，通电电位 $V_{on} = -1420\text{mV}_{cse}$，断电电位 $V_{off} = -1160\text{mV}_{cse}$。

五、直流去耦合器对 PCM 测量的影响

1. 直流去耦合器对 PCM 测量的影响

利用交流电位梯度（ACVG）法进行管道防腐层检漏时，通过 PCM 信号发射机给管道施加一个多频率的交流信号，通过跟踪该信号可以测量管道的走向和埋深。通过测量该信号在地表产生的电位梯度，可以检测管道防腐层破损点。当管道上装有交流排流装置时，由于交流信号容易通过直流去耦合器电容漏失到接地极，造成 PCM 信号的快速消耗，导致经过防腐层漏点流入管道的信号电流减小，地表电位梯度减弱，从而使防腐层检漏困难，如图 6－8 所示。因此，管道防腐层检漏时，通常需要拆除管道的交流排流装置。

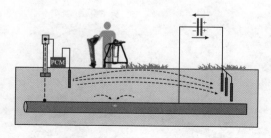

图 6－8　直流去耦合器对 ACVG 检漏的影响

2. 直流去耦合器对 ACVG 防腐层检漏影响实例

在对某 6km 氧气管道检测过程中，由于该管道上安装了 4 个

PCR，两位检测员花了 2 周的时间也没有找到一个防腐层破损点。

（1）摘除 PCR 后，沿线找到 6 个防腐层破损点。

（2）没有安装 PCR 时，由于施加到管道上的信号电流很小，在高压线下无法确定管道位置及埋深。必要时，可增加管道的接地，以便给管道施加较强的 PCM 信号。

第二节　阴极保护屏蔽问题

一、阴极保护屏蔽的定义

阴极保护电流流向被保护结构，就像手电筒光束投射到结构上，对光束的阻挡会影响结构表面的亮度（阴极保护电流密度）。阴极保护屏蔽是因导体或非导体的存在而引起的阴极保护电流方向的改变或中断。

1. 金属管道对阴极保护电流的屏蔽

如图 6 - 9 所示，由于金属管道屏蔽了部分流向管道的电流，导致被屏蔽区管地电位较正。

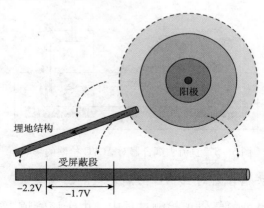

图 6 - 9　埋地管道对阴极保护电流的屏蔽

2. 牺牲阳极对阴极保护电流的屏蔽

（1）牺牲阳极开路电位为 $-1.55V_{cse}$。

（2）管道断电电位为 $-0.925V_{cse}$。

（3）安装牺牲阳极后，管道断电电位为 $-0.886V_{cse}$。

（4）安装牺牲阳极后，管道断电电位正向偏移，说明牺牲阳极阻碍了部分阴极保护电流流向管道，如图 6-10 所示。

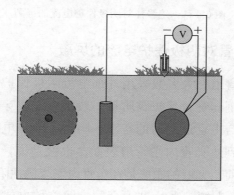

图 6-10　牺牲阳极对阴极保护电流的屏蔽

3. 绝缘体对阴极保护电流的屏蔽

（1）岩石地区对阴极保护电流的屏蔽。

（2）剥离的防腐层对阴极保护电流的屏蔽，如热缩带剥离后屏蔽阴极保护电流而导致下方发生腐蚀，如图 6-11 所示。

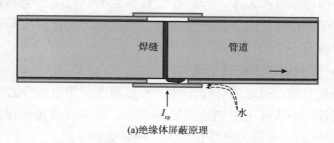

(a)绝缘体屏蔽原理

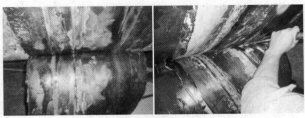

(b)热缩带屏蔽实例

图6-11　绝缘体对阴极保护电流的屏蔽

二、钢套管对阴极保护电流的屏蔽

对于长输管道，大多数采用外加电流阴极保护。在套管穿越处，一般采用钢套管，其防腐质量一般很差，或穿越时损坏很严重。由于套管与主管道之间的空隙，阻碍了外加电流的流动，使外加电流不能到达套管内主管道表面，也就是说，阴极保护电流受到屏蔽。目前，普遍的做法是在套管内安装牺牲阳极，并将套管两端密封，防止土壤、水分进入套管，但这种方式也有一定的弊端。以下就套管与主管道短路及没有短路两种情况进行分析。

1. 套管与主管道没有短路

1）套管内没有进水或没有土壤

外加阴极保护电流不能到达主管道表面，如图6-12所示。管道表面如果有凝析水，安装在主管道上的牺牲阳极会对管道起到一些保护作用，由于凝析水的电阻率很高，其保护效果还需要进一步研究。

2）套管内进水或有土壤

如果套管内进水或存在土壤，外加阴极保护电流穿过套管后通过套管内的水或土壤到达主管道表面，对主管道进行保护，如图6-13所示。套管内壁受到腐蚀，外壁受到保护。

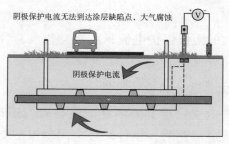

图6－12 空气对阴极保护电流的屏蔽

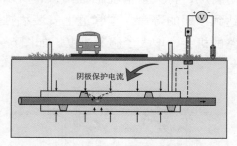

图6－13 电解液传导阴极保护电流

2. 套管与主管道短路

受土壤下沉以及管道自身蠕动的影响，套管与主管道的短路经常发生。主、套管短路后，阴极保护电流沿短路点回到电源负极，阴极保护电流无法到达套管内主管道，如图6－14所示。在穿越段附近安装牺牲阳极或增大阴极保护电流，也无助于套管内

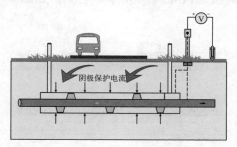

图6－14 短路套管屏蔽阴极保护电流

阴极保护系统维护

部主管道阴极保护的改善。套管相当于管道防腐层有一个巨大的漏点，吸纳很大的阴极保护电流，经常会造成套管附近很长一段主管道得不到充分保护。

3. 套管内主管道安装牺牲阳极

安装在套管内主管道上的牺牲阳极会对管道产生保护作用，但当套管与主管道短路时，牺牲阳极会同时保护套管内壁，由于套管内壁没有防腐层，将大量消耗牺牲阳极，所以牺牲阳极将很快耗尽，不能达到预期的寿命。主管道上安装牺牲阳极增大了主管道与套管短路的机会，增大了施工难度，如图6-15所示。

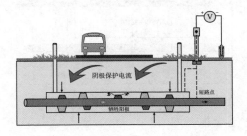

图6-15　牺牲阳极对主管道的保护

4. 套管有高质量防腐层

套管有高质量防腐层时，应在套管两端预留裸管段或安装与套管同等材料的接地极导入阴极保护电流，如图6-16所示。

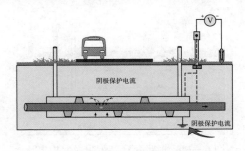

图6-16　接地极引入阴极保护电流

· 140 ·

三、套管穿越段腐蚀控制

（1）尽量避免采用钢套管穿越，可通过增加主管道壁厚来满足强度上的要求，或代之以混凝土套管，混凝土套管内部安装牺牲阳极。

（2）如果一定要采用钢套管，则需加强主管道防腐层，加密绝缘垫块，防止主、套管短路，并保证套管内有足够量的导电介质。

（3）如果套管防腐层良好，可在套管两端留出裸露段或安装同种材料接地极，引入阴极保护电流。

（4）取消套管两端的密封头，允许地下水、土壤进入套管，或用泥土填充套管与主管之间的空间，使外加电流阴极保护对其起作用，但套管内壁仍然会腐蚀。

（5）混凝土套管内可以安装牺牲阳极，如镁带或锌带，但会影响日后的断电电位测量、杂散电流治理以及防腐层检漏。

（6）钢套管以及混凝土套管内注满导电物质（如石膏浆、水泥砂浆），防止套管内干湿交替导致的管道大气腐蚀，或注满非导电密封材料，避免水分进入。

第三节　阀室接地与阴极保护

远传阀室装有压力、温度变送器以及其他带电仪表，为了保证仪器仪表的正常工作，避免受到雷击电流或故障电流的损坏，这些仪表都会与接地极连接。为了避免阴极保护电流的漏失，这些仪器仪表都与阀体绝缘，一处绝缘损坏，整个地网都会与阀体短路。另外，阀室不应该封闭，最好采用围栏的方式，除非采取了安全措施，否则放空管绝缘接头不应放到阀室内。发现阀体和地网短路后，可以用钳形表查找短路的引下线（必要时增大阴极保护电源输出电流）。

一、仪器仪表与阀体绝缘及增加直流去耦合器

最初只是将仪表与阀体绝缘，仪表单独接地，并没有进行防护。当管道受雷击后，电流击穿绝缘卡套或垫片而引发事故。放空管上的绝缘接头用氧化锌避雷器保护，避雷器应该与阀室一侧的地网连接，不应该连接阀室一侧的管道。因为放空管受雷击后，电流跨过氧化锌避雷器到达阀室一侧，然后会寻找入地点。由于阀体与接地仪表之间绝缘，将击穿绝缘组件。为了避免绝缘装置被击穿漏气，在阀体和地网之间安装直流去耦合器进行防护，如图 6 – 17 所示。这种结构的缺点是一处接地与阀体短路，整个阀体都会接地。

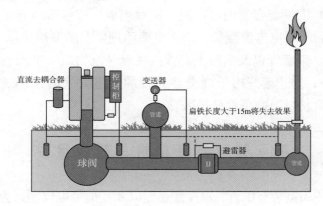

图 6 – 17　仪器仪表与阀体绝缘

二、牺牲阳极作接地极

可以用高电位镁阳极作为接地极，仪表直接与阀体短路。只有当管地电位负于 – 1.70V$_{cse}$时，接地极才漏失阴极保护电流。

但镁阳极的存在将影响管道断电电位测量，如图 6 - 18 所示。如果阀室是阴极保护站，镁阳极可能会影响恒电位仪的控制电位。

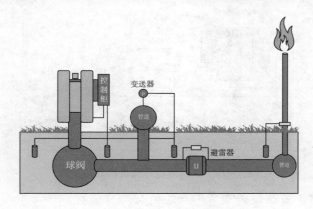

图 6 - 18　牺牲阳极直接接地

三、阀体通过直流去耦合器接地

仪器仪表与阀体直连，不加绝缘（压力变送器的引压管可能会有密封材料，如生丝带，影响导电性，必要时，将压力变送器与阀体之间安装跨接线），而阀体通过直流去耦合器接地（没有交流干扰时，可以通过防雷装置，如氧化锌避雷器、等电位连接器等接地）。这样做的好处是减少了接地点数量，不会由于一处短路，使整个地网和阀体导通，如图 6 - 19 所示。管道的接地电阻足够低，一般低于几个欧姆，可以为仪器仪表的工作提供工作接地或防静电接地（防静电接地要求接地电阻小于100Ω）。不用担心直流去耦合器的存在会影响仪器仪表的工作。飞机、汽车的仪表比阀室精密，没有工作接地和防静电接地也照样工作。

关于在引下线中安装直流去耦合装置，在众多规范中都得到了允许：

（1） NEC NFPA 70—2014 中 250.6 （E）：有必要隔离阴极保

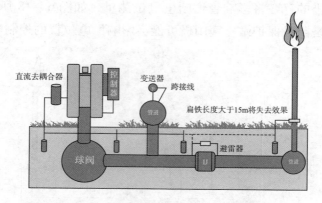

图 6 - 19　阀体通过直流去耦合器接地

护电流时，要在设备地线中安装通交隔直装置。

（2）ISO 15589 - 1—2015 中 7.3.6：在电动设备与地网之间安装直流去耦合装置，如火花隙、浪涌保护装置、极化电池等。

（3）BS EN 15280—2013 中 9.3.1.3：为了避免接地网直连带来的问题，通常经过通交隔直，即直流去耦合器连接地网。

（4）API 651—2014 中 7.3.6.2：对地上储罐或管网接地系统进行绝缘隔离时，要考虑去耦合装置。

（5）GB/T 21448—2017 中 4.2.3：如果阴极保护管道需要接地，接地系统应与阴极保护兼容，可在接地回路中安装去耦隔直装置。局部接地可采用锌或镀锌接地极与管道直接连接。

第四节　站场区域阴极保护

一、站场阳极地床的布置

（1）站场内接地极要通过通交隔直装置与工艺管网连接（如等电位连接器、直流去耦合器、极性排流器等）。

（2）建议站场区域保护采用分布式阳极或线性阳极。阳极要安装在接地极对面，尽量远离接地极。深井阳极电流分布均匀，影响范围大，但保护效果有时不好，经常会对站外管道阴极保护造成干扰。

（3）当接地极与管网直连时，由于接地极对阴极保护电流的屏蔽，大部分阴极保护电流会经过接地极到达管道再回到电源负极，导致埋地管道欠保护。当接地极与管道隔离时，注意阴极保护电流对接地极引起的杂散电流干扰腐蚀。

（4）影响阴极保护电流分布的因素是阳极地床位置，与阴极汇流点位置无关，阴极线可以在恒电位仪附近与管道连接，阴极线无需延伸到被保护区域。

（5）站内设施已经相互连通（管道自身连通或通过接地网连通）时，无需跨接线（除非怀疑个别法兰接触电阻太大）。

二、站场内的电位测量设施

（1）站场内无需测试桩，任何露出地面的设施都可以作为测量接线点。

（2）站场内安装参比管，避免站内碎石对参比电极放置的影响。

（3）参比电极通电电位受阳极电压场的影响，差别很大。不要在意通电电位的大小，用断电电位来判断阴极保护电流的分布。阴极保护准则宜采用100mV极化偏移准则。

第五节 绝缘接头非保护侧腐蚀问题

人们对其他业主单位给自己的管道造成的腐蚀干扰往往比较重视，但对于自己给自己造成的腐蚀干扰却往往忽略。典型的案例是管道进出站场时，绝缘接头两侧埋地管道之间的干扰造成的腐蚀。

一、绝缘接头非保护侧腐蚀机理

1. 绝缘接头非保护侧外腐蚀

阴极保护电流从地床中进入土壤，由于站场内接地极众多，接地电阻很小，部分阴极保护电流会通过站场内的接地极进入管道，并向绝缘接头处流动。如果绝缘接头处土壤电阻率低，绝缘接头非保护侧防腐层有漏点，则该电流将离开管道，通过土壤跨过绝缘接头进入保护侧管道。在电流离开管道的位置，管道发生腐蚀，如图6-20所示。

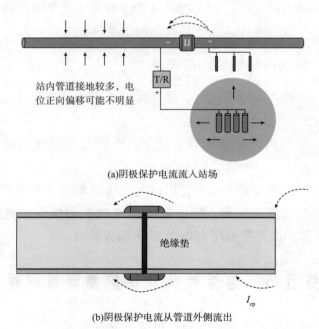

(a)阴极保护电流流入站场

(b)阴极保护电流从管道外侧流出

(c)电流流出导致的外腐蚀

图 6 - 20　电流从绝缘接头外侧流出

2. 绝缘接头非保护侧内腐蚀

当管道内存在大量导电液体时（如油田集输管道），即便是绝缘性能良好的绝缘接头，当绝缘接头保护侧电位负向偏移时，其非保护侧电位也随之负向偏移，负向偏移的幅度在十几毫伏到几十毫伏之间，绝缘接头两侧也有明显的电位差。该现象说明，电流通过管道内的导电液体从非保护侧流向被保护侧，这将造成绝缘接头非保护侧内腐蚀，如图 6 - 21 所示。

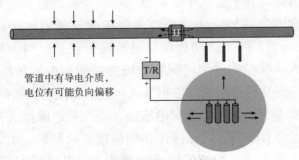

(a)阴极保护电流流入站场

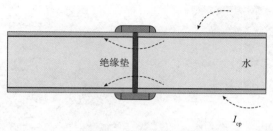

(b)阴极保护电流从管道内侧流出

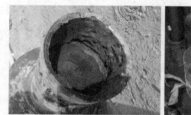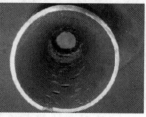

(c)电流流出导致的内腐蚀

图6−21　电流从绝缘接头内侧流出

二、绝缘接头非保护侧腐蚀防护

（1）尽量将绝缘接头安装在地面以上，或安装在阀井中，使绝缘接头两侧都处于空气中。如果绝缘接头是埋地的，建议在绝缘接头两侧安装接地电池（或在非保护侧安装牺牲阳极保护），如图6−22所示，而不是用火花隙进行防雷保护。因为接地电池可以为进入非保护侧的阴极保护电流提供返回电源负极的通道，而不会使电流从管道防腐层破损处流出，从而减缓管道的腐蚀。

（2）如果管道内部存在导电液体，应该把绝缘接头安装在较高的部位或竖直安装，防止液体在绝缘接头处积聚。水分的积聚会造成绝缘接头非保护侧的快速内腐蚀。如果必须安装火花隙，建议在绝缘接头非保护侧安装牺牲阳极进行排流。在绝缘接头保护侧涂覆内衬的方式可以暂时减缓管道内壁的腐蚀，但内衬的使

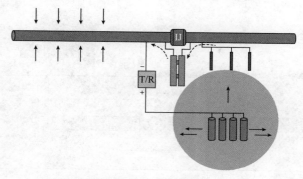

图 6 – 22　杂散电流通过锌接地电池排放

用年限还一直存在争议。

（3）尽量不要将阴极保护站设置在有绝缘接头的站场，尽量把阴极保护站安装在没有绝缘接头的线路阀室。

（4）为防止绝缘接头内、外侧的腐蚀，绝缘接头两侧最好都有阴极保护并保持绝缘接头两侧的电位差尽量小，在不影响站外管道阴极保护水平的前提下，尽量直接或用可调电阻跨接绝缘接头。

（5）安装绝缘接头保护器（火花隙或直流去耦合器等）的目的主要是防止地上绝缘接头两侧雷击时打火放电。管道绝缘接头自身具有足够的绝缘强度抵抗雷击电流或故障电流的损坏。

第六节　阴极保护系统维护中的问题

一、站场阴极保护对外管道保护电位测量的影响

（1）参比电极位于站场阴极保护的阴极电压场内，测量干线电位时，电位读数偏正（0.5V），如图 6 – 23 所示。

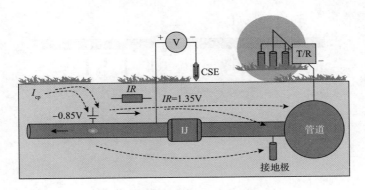

图 6 – 23　阴极电压场对电位读数的影响

（2）参比电极位于站场阴极保护的阳极电压场内，测量干线电位时，电位读数偏负（－2.2V），如图 6 – 24 所示。

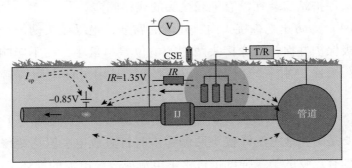

图 6 – 24　阳极电压场对电位读数的影响

（3）参比电极位于站场阴极保护的阴极电压场内，电位测量实例如图 6 – 25 所示。

①电压表电位读数是管道埋地段防腐层漏点位置的电位值。

②管地通电电位为 $+0.20V_{cse}$，断电电位为 $-1.08V_{cse}$，说明通电电位受到地表电位梯度（站内阴极电压场）的干扰。由于地表中电流的方向是从防腐层缺陷点流到参比电极，所以导致电压表电位读数正向偏移。

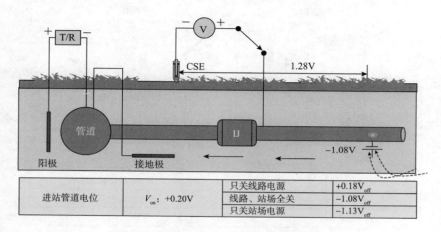

进站管道电位	V_{on}: +0.20V	只关线路电源	$+0.18V_{off}$
		线路、站场全关	$-1.08V_{off}$
		只关站场电源	$-1.13V_{off}$

图 6 – 25　阴极电压场对电位读数的影响实例

③由于断电电位满足规范要求，仍认为管道保护达标。必要时可安装试片，试片的保护电位应满足规范要求。

④如果在参比电极位置埋设长效参比电极并用来控制干线恒电位仪阴极保护电流输出，由于测量到的电位正向偏移，恒电位仪会加大电流输出，保持该点电位维持在设定值，将导致远离参比电极位置的管地电位大幅度负向偏移。应在埋地参比电极附近埋设与管道连接的试片，或用极化探头控制线路恒电位仪的输出，以减小地电位场对参比电极电位的干扰。或者将恒电位仪设置在恒电流输出模式。

二、阳极地床对绝缘接头性能判断的影响

给绝缘接头一侧通电，通过比较两侧的电位变化评估绝缘接头性能。由于参比电极靠近阳极地床，造成通电时参比电极位于阳极电压场，参比电极自身位置电位升高，所以测量到的绝缘接头两侧电位都负向偏移。所以，判断绝缘接头性能时，参比电极要远离地床或站内接地极，如图 6 – 26 所示。

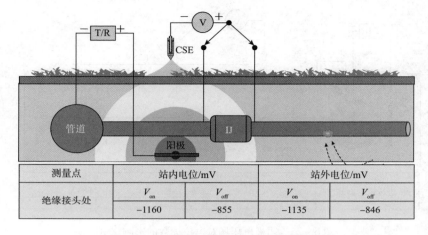

测量点	站内电位/mV		站外电位/mV	
绝缘接头处	V_{on}	V_{off}	V_{on}	V_{off}
	−1160	−855	−1135	−846

图 6 - 26　阴极电压场对电位读数的影响

三、参比电极接地电阻对电位测量的影响

压缩机房内，混凝土地坪厚 30cm，将参比电极直接放在润水的混凝土地坪上，电位读数为 −0.38V_{cse}，放入参比管，电位读数为 −0.98V_{cse}。测量回路中的电阻严重影响了电压表读数，如图 6 - 27 所示。

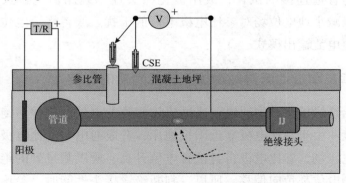

图 6 - 27　参比电极接地电阻对电位读数的影响

四、地电场对电位测量的影响

测量放空管一侧的管地电位为 $+0.8V_{cse}$，该电位实际上是受参比电极和放空管接地之间的地电位梯度影响及放空管接地极电位影响。该电位梯度是由阴极保护电流流入阀体而产生的，相当于参比电极位于阴极电压场内。当地电位梯度大于接地极电位时，电压表显示为正值，如图 6 - 28 所示。

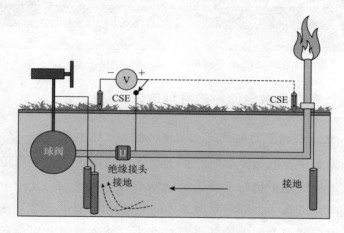

图 6 - 28　地电场对电位读数的影响

五、外加电流阴极保护中电荷移动方向

不论是电子还是正离子，都向防腐层缺陷点移动，区别在于所经路径不同。电子是阳极位置氧化反应产生的，电源只是提供了电子移动所需要的能量。当采用惰性材料作阳极时，电子是由水的氧化或者氯离子的氧化提供的。如图 6 - 29 所示，氧化反应发生在阳极，产生氧气或氯气，导致环境酸性增强；在防腐层漏点位置发生还原反应，产生氢气，OH^- 浓度增大，环境碱性增强。

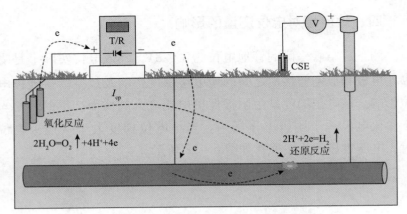

图 6 – 29　电子和正离子都向防腐层漏点移动

六、存在杂散电流时的管地电位测量

1. 电压表测量的电位是地电位梯度与极化电位的和

当地表中有电流流动时，如受地铁杂散电流或高压直流输电线路接地极放电干扰时，由于地表中有大电流流动，几十上百伏的管地电位读数中大部分是地表中的电位梯度 ΔV，而真正施加到管道防腐层漏点上的电压并没有这么高，流入管道防腐层破损点的电流 I_2 以及其产生的电压 E_2 未必就很大，如图 6 – 30 所示，

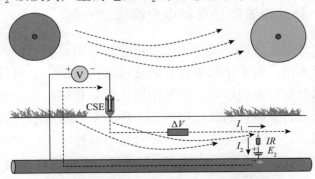

图 6 – 30　杂散电流对管地电位测量读数的影响

电压表读数是 $\Delta V + IR + E_2$。最好用试片的通电电位（试片与参比电极的间距固定或参比管加试片）、断电电位和电流来评价杂散电流干扰的强度，以减小地表电位梯度对测量电压的影响。管地电位受杂散电流强度、土壤电阻率以及参比电极与管道防腐层破损点的间距影响，用管道通电电位评估干扰程度具有不确定性。同样的道理，对于传导型交流干扰（如高铁干扰），管地电压测量值也会受到参比电极和防腐层漏点之间地表交流电位梯度的影响，可以通过测量参比电极与试片（试片连接管道，与参比电极具有确定的距离）之间的交流电压来评价交流电干扰程度，但最好是通过测量试片的交流电流密度来评价交流电干扰程度。

2. 流经管道的电流决定于防腐层电阻

如图 6 – 31 所示，管道与地表中的电阻并联，施加到管道两个漏点之间的电压和地电位梯度相等。管道中的电流等于电位梯度除以两个漏点电阻的和：

$$I_2 = \frac{\Delta V}{R_1 + R_2}$$

假设电位梯度为 100V，漏点电阻均为 1000Ω，则管中电流为 50mA。尽管电位读数为负数，但在 R_2 位置电流有可能是流出管道。

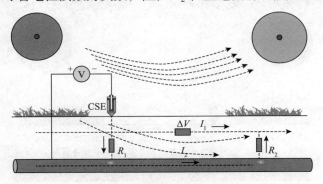

图 6 – 31　流入管道的电流决定于漏点电阻

3. 通过人体的电流取决于防腐层电阻

流经人体的电流取决于人体电阻和防腐层漏点电阻。假设电位梯度为100V，人体电阻和漏点接地电阻均为1000Ω，则流经人体的电流为50mA，如图6-32所示。应加大人体接地电阻，如铺设碎石，以减小流经人体的电流。

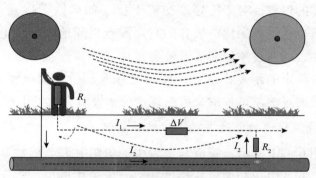

图6-32 流经人体的电流

4. 安装绝缘接头

如果在管道上安装绝缘接头，假设绝缘接头两侧也有两个同样的漏点，则管道纵向电阻增大一倍，电流减小一倍，但增加一个腐蚀点，如图6-33所示。

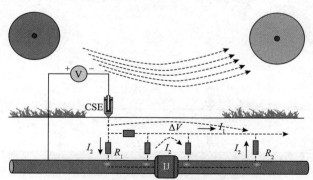

图6-33 安装管绝缘接头增大电阻

5. 安装接地极

如果安装接地极，流入管道的电流增大，绝缘接头腐蚀的风险增高，如图 6 - 34 所示。安装接地极，应加装单向导通装置，电流只可以流出管道，不可以流入管道。应在绝缘接头位置安装排流接地，如安装单向导通的牺牲阳极。

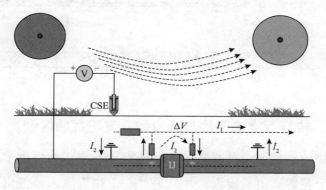

图 6 - 34　安装接地极引入更大的电流

七、感应型交流电压的测量电路

当管道受高压交流输电线路感应型干扰时，管道相当于变压器中的次级线圈，在某一时刻，相当于一串干电池串联。电流从一个防腐层缺陷点流出管道，经过土壤，又从另外一个防腐层缺陷点流入管道。由于防腐层缺陷点对地电阻大部分集中在缺陷点附近（约 $10d$ 处，d 为缺陷点直径），所以电压降也在这个范围内。对于好的防腐层管道，地表即为远地点，零势面，移动参比电极并不影响电压表读数。电压表读数由管道中的电压和防腐层漏点电阻上的压降构成，只有移动电压表和管道的连接点才会改变电压表读数。所以，不能像 CIPS 那样，通过移动参比电极测量交流电压沿管道的分布。只有当电压表与管道的连线正好位于防腐层破损点位置时，才能测量到实际施加在漏点上的电压，所以，用试片的交流电流密度评价交流干扰程度才更可靠。

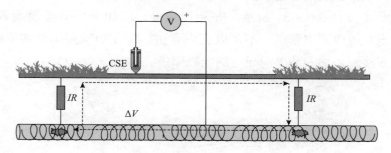

图 6 – 35　管道感应电压的测量回路

八、传导型交流干扰与感应型交流干扰的区别

传导型交流干扰是大地中流动的交流电流流到管道上，从管道的一个位置流出或流入，并从另外一个位置流入或流出，类似于地铁的干扰，区别在于电流的流动是双向的。如高铁运行产生的交流干扰，电流自接触网进入机车，然后通过铁轨、正馈线、与铁轨连通的综合接地网回到电源接地极，综合接地系统泄漏电流，从土壤中流动，进出管道，如图 6 – 36 所示。

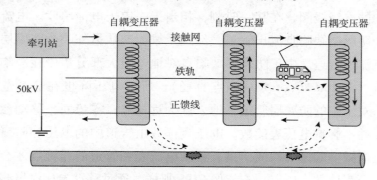

图 6 – 36　传导型交流干扰的产生

而感应型干扰是内生的，管道相当于电源，电流从防腐层的一个缺陷点流出，从下一个缺陷点流入，如图 6 – 37 所示。两者的区别是感应型交流电流一定要释放掉，且一定会再回到管道上来，而传导型交流电流可以采取措施，减小流入管道的电流量，因而减小了流出量。

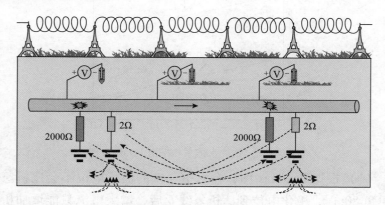

图 6 – 37　感应型交流干扰的产生

　　对于感应型交流干扰，排流方式是增加接地极，让绝大部分杂散电流通过接地极进出管道。而对于传导型交流干扰，如果采用与感应型交流干扰同样的排流措施，将引入更多的交流电流。该电流不会完全按着人们的意愿从另一个接地极排放，而如果从其他防腐层缺陷点排放，将加重其腐蚀。不论是传导型交流干扰还是感应型交流干扰，排流原则应该都是减小交流电流的流入，而让交流电流流出更加顺畅。如果采用极性排流措施，尽管交流电压的下降可能不如直流去耦合器双向排流降低明显，但极性排流可以阻止交流电通过接地极流入，迫使交流电通过防腐层缺陷点流入管道，这对于管道的保护是有利的。

九、铁在水中的最负极化电位

铁－水体系相平衡 Pourbiax 图（电位－pH 图）如图 6－38 所示。

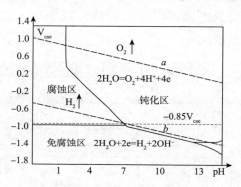

图 6－38　铁－水体系相平衡 Pourbiax 图

（1）根据 Pourbiax 图，在水中，铁的极化电位不会比析氢线 b 更负 80mV，极化电位到达析氢线 b 后，增大电流只能增加析氢量以及电解液的 pH 值，对于水中的碳钢结构，极化电位很难负于 $-1.22V_{cse}$。

（2）在透气性很差的黏土中，由于 OH^- 扩散受到抑制，碳钢的极化电位有可能达到 $-1.30V_{cse}$。

（3）pH 值与电位具有以下关系：$E_p = -316mV + (-59mV \times pH)$。

（4）铁的极化电位负向偏移 100mV，需要的电流密度增大一个数量级。所以，碳钢极化电位负于 $-1.22V_{cse}$ 很难出现。

附录1 阴极保护练习思考题

1. 传统电流的方向是如何定义的？

2. 一段导体，长度为 10m，直径为 10mm，已知电阻为 0.18Ω，该导体的电阻率多大？

3. 电路里的电压、电流、电阻之间的关系如何？

4. 在如附图 1-1 所示电路中，电压表的电压值为正数还是负数？假设 $R_a = 100Ω$，$R_b = 400Ω$，电流多大？

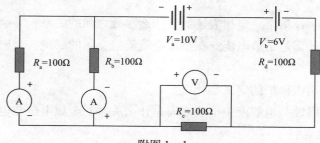

附图 1-1

5. 在如附图 1-2 所示电路中，电流表的读数为什么极性？支路电流多大？电流表的测量值和计算值相比较，哪个更大？

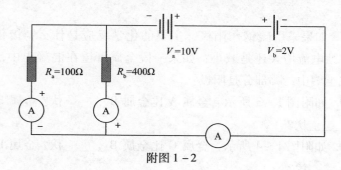

附图 1-2

6. 可以用欧姆表测量阀体与接地极之间的电阻吗？为什么？

7. 什么是氧化反应？什么是还原反应？

8. 腐蚀电池由哪些部分组成？电解液中电流的方向如何？金属导体中电子的方向如何？

9. 什么是阳极？什么是阴极？

10. 土壤的透气性增大时，金属的电位如何偏移？金属自身的离子浓度增大时，电位如何变化？土壤含盐量增大时，金属电位如何变化？

11. 金属铁的电流排放密度为 $15mA/m^2$，防腐层破损点面积为 $10cm^2$，假设金属的密度为 $7.87g/cm^3$，管道壁厚 $10mm$，多长时间腐蚀穿孔？

12. 法拉第第一定律表述的是什么参数之间的关系？

13. 什么是杂散电流？在杂散电流流出金属的部位，金属电位如何变化？

14. 阴极保护的定义是什么？

15. 腐蚀与电解液中电流方向是什么关系？金属电位与电流方向是什么关系？

16. 阴极、阳极的化学反应主要是什么？阴极的去极化剂是什么？

17. 如果环境中存在大量的氯离子，主要的阳极化学反应是什么？

18. 如果采用碳钢作阳极，主要的化学反应是什么？极化增强时，腐蚀电流增大还是减小？如果一段金属管道在混凝土中，另外一段在土壤中，哪部分是阳极？

19. 如附图 1−3 所示，金属 A 比金属 B _____伏？金属 B 比金属 A _____伏？

20. 如附图 1−4 所示，金属 C 比金属 B _____伏？金属 B 比金属 C _____伏？

21. 结合上面两题，按电位由正到负，如何排列金属 A、B、C 的顺序？

22. 管道埋地后，按附图 1 – 5 所示的两种方式连接电压表，读数有什么区别？说明什么？

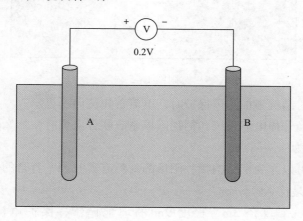

附图 1 – 3

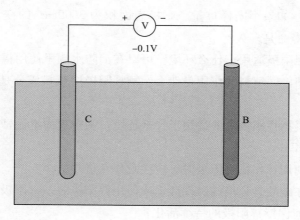

附图 1 – 4

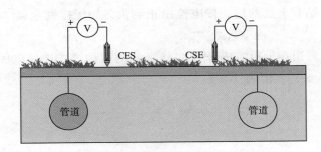

附图 1 - 5

23. 对结构施加阴极保护时，电流首先流向哪里？

24. 当外加电流系统和牺牲阳极系统联合应用时，什么时候牺牲阳极将成为涂层漏点？

25. 可以作为钢结构牺牲阳极的材料有哪几种？各自的优缺点及应用限制是什么？

26. 一个直径 3m、长度 9m 的埋地储罐，保护电流密度为 0.5mA/m^2，如果可以用锌牺牲阳极保护，设计寿命 10 年，阳极需求量多大？如果用同样重量、阳极表面积为 3600cm^2 的镁作牺牲阳极，保护寿命是多久？

27. 铝阳极适用于什么环境？可以在消防水罐里使用铝阳极吗？

28. 阳极回填料的作用是什么？牺牲阳极的填料成分是什么？比例如何？

29. 镁牺牲阳极主要适用于什么环境？阳极表面电流密度如何影响阳极效率？

30. 使用锌作牺牲阳极时，应注意什么事项？

31. 在碳酸盐环境或碱性环境中使用锌阳极时，锌阳极电位如何变化？如何保持锌阳极的持续活化？

32. 牺牲阳极组共由 4 支 14.5kg 的阳极组成，阳极开路电位为 1.55V$_{cse}$，阳极组的输出电流为 40mA，单支阳极表面积为 3600cm^2，计算阳极组的使用寿命是多久？

33. 一支牺牲阳极，开路电位为 -1.15Vcse，填包后埋设在土壤电阻率为 $15\Omega \cdot \text{m}$ 的环境中，填包后，高度为 90cm，直径为 16cm，假设阳极重量为 22kg，计算阳极的输出电流及寿命是多少？

34. 外加电流阴极保护系统由哪些部分组成？电源正极和负极分别与什么结构连接？

35. 整流电源的输出模式有哪几种？各具有什么特点？

36. 主要的外加电流阳极材料有哪些？

37. 外加电流阴极保护阳极用什么作填料？该填料可否用于作牺牲阳极材料？

38. 一个阴极保护站，阳极地床输出电流为 3A，位于土壤电阻率为 $50\Omega \cdot \text{m}$ 的环境中，距离地床 100m 位置的电压升为多大？

39. 阳极地床由高硅铸铁阳极组成，输出电流为 10A，如果阳极地床的设计寿命为 20 年，至少需要多少千克硅铁阳极？

40. 与阴极电缆相比，阳极电缆的绝缘密封更为重要，为什么？牺牲阳极的电缆线绝缘层破损后，铜芯是什么极？

41. 阳极地床主要有哪几种形式？什么是远地阳极？什么是近地阳极？

42. 阴极保护电源主要有哪几种？与传统的变压整流装置相比，开关电源型电源有什么优点？与单相变压整流装置相比，三相变压整流装置的优点是什么？

43. 阴极保护电源的正极要与什么结构连接？

44. 如何区分电缆所连接的结构？

45. 深井阳极的优缺点是什么？

46. 管道电气隔离的目的是什么？常用的绝缘装置是什么？

47. 火花隙两侧的电缆长度最好短直，为什么？

48. 使用惰性材料作辅助阳极时，阴极保护回路中的电子是由什么物质提供的？

49. 铝热焊一次装药量是多少？如果电缆直径较大，应该怎样处理？

50. 阳极电缆接头的密封方式是什么？

51. 钢套管的弊端是什么？套管内安装牺牲阳极的优、缺点是什么？

52. 钢套管短路后，在套管附近增加牺牲阳极或提高阴极保护输出电流，能否改善套管内主管道的保护效果？

53. 钢套管两端有必要密封吗？不密封会有什么好处？

54. 套管上安装接地极或两端裸露，阴极保护电流可以流入套管内部主管道吗？

55. 如何将镁带或锌带的铁芯裸露出来？带状镁或锌阳极是否需要填料？

56. 在 5℃时测量到的电位为 $-0.83V_{cse}$，修正到环境温度为 25℃时的电位是多少？

57. 在 40℃时测量到的管地电位 $150mV_{zn}$，转换成硫酸铜参比电极的电位是多少？

58. 如果相对于氯化银参比电极的电位为 $-0.82V_{ssc}$，那么相对于硫酸铜参比电极的电位是多少？

59. 常用的参比电极有哪几种？各自适用的环境是什么？

60. 哪些因素会影响到硫酸铜参比电极的精度？

61. 测量管地电位时，记录中包含哪几个部分？

62. 如果牺牲阳极阴极保护回路的电阻为 8Ω，结构闭路电位为 $-950mV_{cse}$，阳极开路电位为 $-1100mV_{cse}$，安培表内阻为 2.0Ω，则安培表的测量误差率是多少？

63. 管地电位测量时，大部分 *IR* 降发生在哪个范围内？

64. 如果参比电极处于阳极电压场内，对测量读数有什么影响？如果参比电极处于阴极电压场内，对测量读数有什么影响？

65. 在绝缘头位置测量到的外管线管地电位为 $-1.3V_{cse}$，在站内某个位置测量的结构对地电位为 $-1.0V_{cse}$，绝缘接头的绝缘性能怎样？

66. 密间隔电位测量的间距是多大？

67. 将两只参比电极放到管道正上方和一侧，哪个参比电极测量的电位更负？

68. 管道进行排流时，接地极位置对与管道相邻的其他管道有影响吗？

69. 防腐层检漏时，发现漏点位置为活性（电流流出），将采取何种措施？

70. 在测量管道的去极化曲线中，什么位置是断电电位？

71. 饱和硫酸铜参比电极测量的管地电位为 $-900\mathrm{mV_{cse}}$，如果不遮挡参比电极而让阳光直射，所得数据比该值偏正还是偏负？

72. 用万用表测量管道断电电位时，肉眼能捕捉到断电时的电位吗？

73. 如附图 1－6 所示，支线管道长 3km，3PE 防腐层。在 B 点测试桩测量到的电位为 $-1450\mathrm{mV_{cse}}$，在 A 点测试桩测量到的电位为 $-650\mathrm{mV_{cse}}$，请问是什么原因？

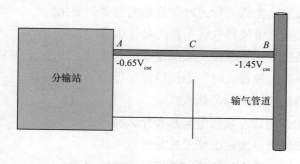

附图 1－6

74. 某土壤试样，截面长 10cm、宽 2cm、高 3cm，电阻为 1000Ω，土壤电阻率多大？

75. 一段管道长度为 3km，直径为 508mm，带有 3PE 防腐层，施加 200mA 电流后，管道左侧通电电位为 -1100mV_{cse}，断电电位为 -900mV_{cse}；管道右侧通电电位为 -1150mV_{cse}，断电电位为 -930mV_{cse}，管道防腐层的电阻率是多少？

76. 100mV 指标与 -850mV_{cse} 极化电位指标的来源是什么？

77. 如何计算 *IR* 降？如何计算极化？

78. 常用的阴极保护指标是什么？

79. 试片的断电电位代表管道的断电电位吗？

80. 试片的面积如何选择？埋地后试片充分极化一般需要多长时间？

81. 管道沿线有必要安装电流测试桩吗？

82. 试片与管道连通后，测量试片的通电电位，通电电位很快稳定，说明试片充分极化了吗？

83. 对于高强钢（X80 以上），如何确定最大保护电位？通常选取多大的数值？

84. 杂散电流的定义是什么？什么叫干扰？

85. 交流干扰的传导方式有哪几种？

86. 杂散电流流入管道时，管地电位如何变化？

87. 在杂散电流排放区，管道是什么极？

88. 采用增加绝缘接头来减缓杂散电流时，应注意哪些事项？

89. 牺牲阳极排流时，阳极最好靠近哪个结构安装？

90. 跨接线的作用是什么？

91. 人为的动态杂散电流具有什么特点？

92. 如何区分地磁电流干扰与地铁干扰？

93. 动态杂散电流排流时，应注意哪些事项？

94. 当受杂散电流干扰，恒电位仪无法输出电流时，应如何处理？

95. 阀室与接地极隔离的危害是什么？如何处理？

96. 受杂散电流干扰时，如何确认阴极保护有效性？

97. 当管道与高压直流输电线路交叉时，管道是否受到干扰？管道与高压直流输电线路平行时，会对管道造成干扰吗？

98. 受交流干扰时，如何划分交流电流密度？

99. 处于 $50\Omega \cdot m$ 环境中的管道，交流电压为6V，是否需要安装排流设施？

100. 交流电压的峰值出现在哪些位置？

101. 交流排流的主要措施是什么？

102. 直流去耦合器的作用是什么？

103. 防雷设施，如氧化锌避雷器，在持续的高压作用下会怎样？

104. 在受地磁电流干扰情况下，如何确定阴极保护的有效性？

105. 当管道受到杂散电流干扰时，在杂散电流流入位置发生还原反应，电子是谁提供的？

106. 恒电位仪在恒电压模式工作时，电压不变，输出电流为零，原因是什么？

107. 恒电位仪在恒电位模式工作时，输出电流为零，原因是什么？

108. 恒电位仪输出电流、电压持续增大，直到报警，原因是什么？

109. 恒电位仪在恒电压模式工作时，输出电流突然增大，可能是什么原因？

110. 管地电位突然正向偏移，原因是什么？

111. 站区内阴极保护时，通电电位极不均匀，为什么？

112. 站场内有必要设置测试桩吗？如果设置测试桩，有必要采取防爆型测试桩吗？

113. 是否有必要在站场内设置参比管？

114. 保存测量记录的目的是什么？

115. 管地电位测量时，要记录温度及天气状况，为什么？

116. 参比电极为什么要用遮光纸包覆？

117. 在沥青路面上测量管地电位，应采取什么措施？

118. 极化探头可以用填包料包裹吗？

119. 管道受杂散电流干扰时，密间隔断电电位测量是否有意义？

120. 在管道密间隔电位测量时，由于在管道公路中间无法将参比电极放到管道正上方，可以将参比电极放到公路一侧的绿化带中进行测量吗？

121. 阴极保护系统维护过程中，主要的安全问题有哪几方面？

122. 配电柜 LOTO（上锁挂牌）后，由谁去除 LOTO 并接通电源？

123. 测量管地电位时，应首先放置参比电极，然后接通测试线，为什么？

124. 钢套管与主管道短路，在套管穿越位置大量埋设牺牲阳极或增大阴极保护站电流输出，能改善套管内部主管道的阴极保护吗？

125. 均压垫的作用是什么？地表铺设碎石的目的是什么？

126. 管道电位密间隔测量时，发现离开阴极保护站越远，管地电位反而更负，可能的原因是什么？

127. 站场区域保护时，将站内设施分成几个区域，用独立的恒电位仪进行保护。投产调试时，设定电位均为 $-1.2V_{cse}$，发现一个区域的恒电位仪输出电流为 4A，而其他区域的恒电位仪输出电流都超过 25A。几个区域埋地设施数量相近，为什么其中一个区域输出电流很小？

128. 站场区域保护投用后，在绝缘接头位置测量到站外管道的对地电位发生正向偏移，为什么？发现站外管道的对地电位负向偏移，为什么？站外恒电位仪输出电流增大，为什么？站外管道恒电位仪输出电流减小，为什么？如何整改？

129. 3LPE 管道做密间隔电位测量时，参比电极偏离了管道正上方，对测量到的管地断电电位影响大吗？

130. 管道穿越河流后电位大幅度衰减，提高阴极保护站输出电流效果也不大，为什么？

131. 如附图 1-7 所示，管道经过山地地区，管地电位正向偏移，为什么？如何改善阴极保护？

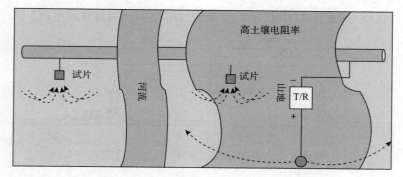

附图 1－7

132. 管道长度 6km 连接上下游站场。管道进站时安装了绝缘接头并且安装了直流去耦合器进行防护。对管道防腐层进行检漏时，6km 管道没有找到一个防腐层漏点。管道防腐层真的完好无漏点吗？

133. 上题管道进行 CIPS 时，发现管道 $V_{on} = -1420 mV_{cse}$，$V_{off} = -1360 mV_{cse}$，断电电位可靠吗？为什么？

134. 管道进行 CIPS 时，阴极保护电源断电期间，测量到两个测试桩之间的管道上有 50mV 电压降，为什么？断电电位可信吗？

135. 如附图 1－8 所示，当测试桩位置安装有牺牲阳极时，如何测量测试桩之间的试片断电电位？

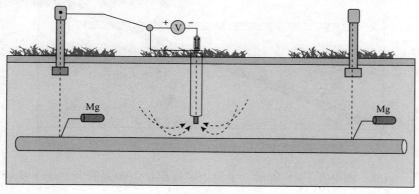

附图 1－8

136. 如附图 1 - 9 所示，管道并行时，如何测量管道电位？

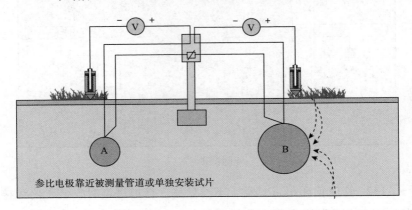

附图 1 - 9

137. 如附图 1 - 10 所示，参比电极距离交叉点 35m，电阻两侧导线电阻均为 0.05Ω，测量到 A 线通电电位 $V_{on} = -1380mV_{cse}$，实际的 V_{on} 是多少？不改变参比电极位置，能测量 B 线电位吗？

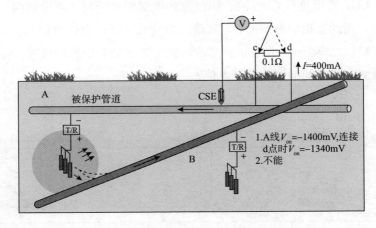

附图 1 - 10

138. 如附表 1 - 1 所示，主管道阴极保护电源通断时，受干扰管道电位随之变化，受干扰管道在哪个位置受阳极干扰？

附表 1－1

位置	结构对地电位/mV$_{cse}$			
	主管道		受干扰管道	
	off	on	off	on
A	－995	－1255	－1069	－1030
B	－893	－1387	－1055	－1035
C	－878	－909	－1035	－1850

139. 受外加电流阴极保护的管道上安装有牺牲阳极（临时保护），在 －850mV$_{cse}$ 指标和 100mV 极化偏移两个阴极保护指标中，哪个更适用？

140. 安装交流排流直流去耦合器后，发现管地电位正向偏移，为什么？管地电位负向偏移是什么原因？

141. 直流电经过直流去耦合器流入管道，原因是什么？

142. 测量管道沿线自然电位时，发现管道自然电位整体负向偏移，可能的原因是什么？

143. 阀体与地网之间绝缘，没保护，会导致什么后果？

144. 如附图 1－11 所示，仪表与阀体绝缘并独立接地，用氧化锌避雷器跨接放空管上的绝缘接头，会有什么风险？应该如何连接？

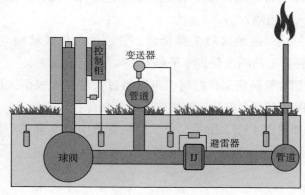

附图 1－11

145. 管地电位密间隔测量时，越靠近阀室，电位越正，为什么？

146. 如附图 1 – 12 所示，海港原油码头通过管道与储油库连接，管道中间安装有绝缘接头。码头钢桩采用外加电流阴极保护系统。阴极保护日常测量时发现码头钢桩的保护电位不能满足规范指标要求，可能的原因是什么？如何验证？

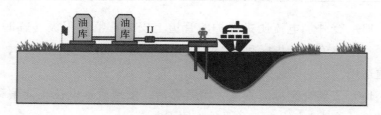

附图 1 – 12

147. 管道防腐层漏点位置阴极保护电位达标且修复困难，一定要修复防腐层漏点吗？

148. 热缩带补口的主要危害是什么？

149. 管道的极化电位会随着阴极保护电流的持续增大而持续地负向偏移吗？

150. 增大管道阴极保护电流使管地电位负向偏移，能够阻止杂散电流流入管道吗？

151. 站内外的绝缘接头跨接后，管道的电位波动幅度会减小，有助于改善管道的阴极保护水平吗？

152. 钢套管防腐层良好时，可以通过安装接地极引入阴极保护电流，可以在套管上安装镁阳极来引入阴极保护电流吗？

153. 如附图 1 – 13 所示，什么时候管道中的 ir 降使电压表读数更负？

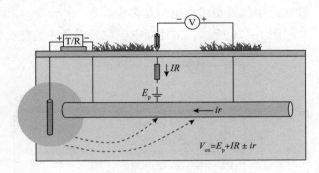

附图1－13

154. 腐蚀电池的等效电路图是什么样的（见附图1－14）？

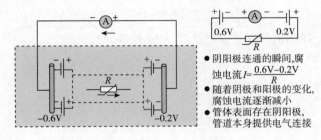

● 阴阳极连通的瞬间，腐蚀电流 $I=\dfrac{0.6V-0.2V}{R}$
● 随着阴极和阳极的变化，腐蚀电流逐渐减小
● 管体表面存在阴阳极，管道本身提供电气连接

附图1－14

155. 金属的电极电位是如何产生的（见附图1－15）？

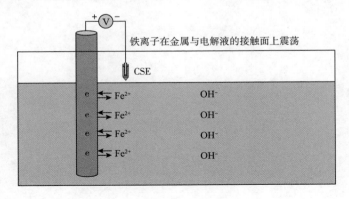

铁离子在金属与电解液的接触面上震荡

附图1－15

156. 铁在水中的最负极化电位是多少？

157. 如附图 1 - 16 所示，试片断电电位异常负，为什么？

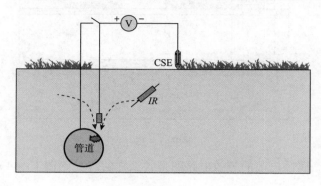

附图 1 - 16

158. 我国阴极保护从业人员大概有多少？

附录2 阴极保护系统计算公式

1. 单支立式阳极及深井阳极接地电阻 R_a

$$R_a = \left(\frac{\rho}{2\pi L}\right)\left[\ln\left(\frac{8L}{d}\right) - 1\right]$$

式中 ρ——土壤电阻率，$\Omega\cdot m$；

       L——深井阳极活性段长度，m；

       d——阳极直径（填包料），m。

注：阳极的直径和长度均为填料的尺寸。

2. 多支立式阳极接地电阻 R_n（见附图2-1）

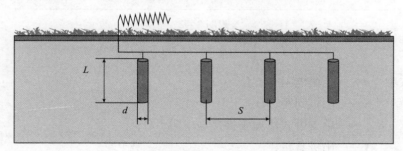

附图 2-1

$$R_n = \left(\frac{\rho}{2\pi NL}\right)\left[\ln\frac{8L}{d} - 1 + \left(\frac{2L}{S}\ln 0.656N\right)\right]$$

式中 ρ——土壤电阻率，$\Omega\cdot m$；

       N——阳极数量；

       L——阳极活性段长度，m；

       d——阳极直径（填包料），m；

       S——阳极间距，m。

3. 单支卧式浅埋阳极接地电阻 $R_{\text{a·h}}$

$$R_{\text{a·h}} = \frac{0.159\rho}{L}\ln\left(\frac{L^2}{td}\right)$$

式中　ρ——土壤电阻率，$\Omega \cdot \text{m}$；

　　　L——阳极活性段长度，m；

　　　t——阳极覆土深度，m；

　　　d——阳极直径（填包料），m。

4. 多支卧式独立阳极接地电阻 $R_{\text{gb·h}}$（见附图 2 – 2）

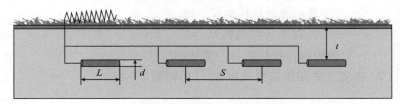

附图 2 – 2

$$F = 1 + \frac{\rho}{\pi SR_{\text{a·h}}}\ln 0.65N, \quad R_{\text{gb·h}} = \frac{R_{\text{a·h}}}{N} \times F$$

式中　ρ——土壤电阻率，$\Omega \cdot \text{m}$；

　　　S——阳极间距，m；

　　　$R_{\text{a·h}}$——单支卧式浅埋阳极接地电阻，Ω；

　　　N——阳极数量；

　　　F——拥挤系数。

5. 阳极地表电压升 V_{x}（见附图 2 – 3）

（1）距离阳极地床 x（m）处，相对于远地点的电压升 V_{x}（V）为：

$$V_{\text{x}} = \frac{0.159I\rho}{L}\ln\left(\frac{t + L + \sqrt{(t + L)^2 + x^2}}{t + \sqrt{x^2 + t^2}}\right)$$

式中　I——阳极输出电流，A；

　　　ρ——土壤电阻率，$\Omega \cdot \text{m}$；

　　　L——阳极活性段长度，m；

　　　t——阳极覆土深度，m。

（2）当 x（m）远大于阳极长度 L（m）时，可以使用简化公式：

$$V_x = \frac{0.159I\rho}{x}$$

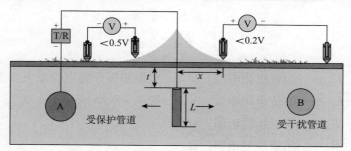

附图 2 - 3

（3）受保护管道要位于电压升小于 0.5V 的电压场边缘之外，其他管道要位于电压升小于 0.2V 的电压场边缘之外，如附图 2 - 4 所示。

附图 2 - 4

6. 防腐层漏点对地电阻 R_h

$$R_h = \frac{\rho}{2d}$$

式中　ρ——土壤电阻率，$\Omega \cdot m$；

　　　　d——防腐层漏点直径，m。

7. 管道接地电阻 R_c

$$R_c = \frac{\rho}{\pi DL}, \quad R_c = \frac{0.3V}{I}, \quad R_c = \frac{0.85V - V_n}{I}$$

式中　ρ——管道防腐层面电阻率，$\Omega \cdot m^2$；

　　　D——管道直径，m；

　　　L——管道长度，m；

　　　I——管道保护需要的电流，A；

　　　V_n——管道自然电位，V。

8. 牺牲阳极输出电流 I（见附图 2 – 5）

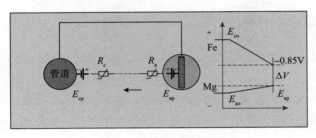

附图 2 – 5

$$I = \frac{E_{ap} - E_{cp}}{R_c + R_a}$$

式中　E_{ap}——阳极极化电位，V，一般取阳极开路电位减去 0.1V；

　　　E_{cp}——管道极化电位，V，一般取 $-0.85V_{cse}$；

　　　R_c——管道接地电阻，Ω；

　　　R_a——阳极接地电阻，Ω。

9. 阴极保护电源输出电压 E（见附图 2 – 6）

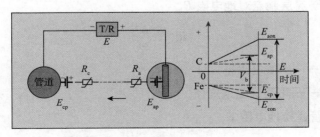

附图 2 – 6

$$E = I \times (R_a + R_c) + E_{cp} + E_{ap}$$

式中　R_a——阳极接地电阻，Ω；

R_c——管道接地电阻，Ω；

E_{cp}——管道极化电位，V；

E_{ap}——阳极极化电位，V。

（$E_{ap} + E_{cp}$）为反电动势 V_b，一般取 2V。

附录3 阴极保护人员分级及常用器具

中国阴极保护协会（CPAC）参照 ISO 15257 要求，对阴极保护技术人员进行培训，并对阴极保护技术人员进行分级。各级别阴极保护人员需要具备的能力见附表3-1和附表3-2。阴极保护日常维护需要的仪器工具见附表3-3。

附表3-1 各领域阴极保护从业人员须具有的能力

序号	技术要求	CPL1 检测员	CPL2 助理工程师	CPL3 工程师	CPL4 高级工程师
1	编写技术报告	No	No	No	Yes
2	编写技术指导书	No	No	Yes	Yes
3	根据技术指导书，为设计简单的阴极保护系统收集相关信息	No	Yes	Yes	Yes
4	为进行设计收集详细的信息及数据	No	No	Yes	Yes
5	根据说明书，效验阴极保护测量设备	Yes	Yes	Yes	Yes
6	测量结构对地电位	Yes	Yes	Yes	Yes
7	用同类参比电极效验工作参比电极	Yes	Yes	Yes	Yes
8	用其他参比电极效验工作参比电极	No	Yes	Yes	Yes
9	用便携式参比电极校验埋地参比电极	No	Yes	Yes	Yes
10	试投产检测	No	Yes	Yes	Yes
11	确认电源是否正极接到阳极，负极接到阴极	No	Yes	Yes	Yes
12	通过测量管地电位确认电源极性接反	Yes	Yes	Yes	Yes
13	阴极保护系统启动及投产	No	No	Yes	Yes
14	在综合表格内记录并报告测量数据	Yes	Yes	Yes	Yes

续表

序号	技术要求	CPL1 检测员	CPL2 助理 工程师	CPL3 工程师	CPL4 高级 工程师
15	对测量结果进行分类	No	Yes	Yes	Yes
16	根据标准程序，确认测量方法的局限性	No	No	Yes	Yes
17	数据确认，编制投产报告及阴极保护系统的运行报告	No	No	No	Yes
18	复杂阴极保护系统数据解读及运行报告的编写	No	No	No	Yes
19	测量阴极保护系统的电压和电流	Yes	Yes	Yes	Yes
20	阴极保护系统简单维护	Yes	Yes	Yes	Yes
21	测量电源输入电压以及输出电压和电流	Yes	Yes	Yes	Yes
22	确认电源的运行状况		Yes	Yes	Yes
23	不接触交流输入，检查和维护电源输出接线柱	Yes	Yes	Yes	Yes
24	检查和维护电源元件	No	Yes	Yes	Yes
25	用便携式仪表确认电源输出电压和电流	Yes	Yes	Yes	Yes
26	输出电流调整以保证预设电位	No	Yes	Yes	Yes
27	确定数据的有效性，发现异常现象	No	No	Yes	Yes
28	调整电流输出，保证系统最优性能，如为控制干扰所做的修复工作			Yes	Yes
29	保证符合阴极保护领域关于安全的要求	Yes	Yes	Yes	Yes
30	进行与阴极保护相关的风险评估	Yes	Yes	Yes	Yes
31	根据阴极保护检测规范与规格书，为阴极保护检测、日常维护、安装编写指导书	No	No	Yes	Yes
32	确认金属腐蚀损耗量	No	No	Yes	Yes
33	安装检测设备，确定设定参数	Yes	Yes	Yes	Yes
34	牵扯到阴极保护时，调查材料开裂	No	No	No	Yes
35	根据自身经验以及腐蚀控制领域前沿技术，改进阴极保护系统设计、运行、性能评估及维护程序改进	No	No	No	Yes

序号	技术要求	CPL1 检测员	CPL2 助理工程师	CPL3 工程师	CPL4 高级工程师
36	为下一个级别编写指导书并在工作中进行培训	No	No	No	Yes
37	根据现行规范，评估测量结果	No	No	Yes	Yes
38	根据规范及相应环境，设计简单的阴极保护系统	No	No	Yes	Yes
39	编写技术指导书，包括阴极保护检测程序、所用设备的确定、规范指定的报告数据模板	No	No	Yes	Yes
40	编写技术指导书，包括阴极保护检测程序、所用设备的确定、规范没有指定的报告数据模板	No	No	No	Yes
41	规范规定范围之外的检测结果解读及评估	No	No	No	Yes
42	复杂系统的阴极保护设计	No	No	No	Yes

附表 3-2　陆上阴极保护人员需具有的能力

序号	技术要求	CPL1 检测员	CPL2 助理工程师	CPL3 工程师	CPL4 高级工程师
1	金属自然电位的测量	Yes	Yes	Yes	Yes
2	电阻率测量－文纳四极法	Yes	Yes	Yes	Yes
3	电阻率测量－土壤盒	No	Yes	Yes	Yes
4	电阻率分层计算	No	No	Yes	Yes
5	简单阴极保护系统的设计，如不受干扰，已知土壤电阻率环境中小型埋地罐阴极保护系统设计	No	No	Yes	Yes
6	复杂阴极保护系统设计	No	No	No	Yes
7	金属表面处理的监督，电缆的焊接以及防腐层修复	No	Yes	Yes	Yes
8	监督电缆连接，如螺栓、卡具或导电胶	No	Yes	Yes	Yes
9	监督电缆连接，如钎焊、铝热焊、铜焊	No	Yes	Yes	Yes
10	监督牺牲阳极的安装	No	Yes	Yes	Yes

续表

序号	技术要求	CPL1 检测员	CPL2 助理工程师	CPL3 工程师	CPL4 高级工程师
11	监督阴极保护电源的安装（不含交流部分）	No	Yes	Yes	Yes
12	监督深井地床的安装	No	Yes	Yes	Yes
13	监督浅埋阳极地床的安装	No	Yes	Yes	Yes
14	监督绝缘装置的安装	No	Yes	Yes	Yes
15	监督参比电极及试片的安装	No	Yes	Yes	Yes
16	监督交流排流接地极以及去耦合器的安装	No	Yes	Yes	Yes
17	确认被保护结构的连续性	No	Yes	Yes	Yes
18	确认被保护结构及其他结构，如混凝土钢筋和接地	No	Yes	Yes	Yes
19	检查检测电绝缘	No	Yes	Yes	Yes
20	测量结构对电解液通电电位	Yes	Yes	Yes	Yes
21	测量结构对电解液断电电位	No	Yes	Yes	Yes
22	测量电位去极化	No	Yes	Yes	Yes
23	报告编制，包括测量数据与所选择保护指标的对比	No	Yes	Yes	Yes
24	进行密间隔管地通电或自然电位测量	No	Yes	Yes	Yes
25	测量结构对远地的电位	No	Yes	Yes	Yes
26	密间隔管地电位通、断电电位测量	No	Yes	Yes	Yes
27	电流通断器的同步设定	No	Yes	Yes	Yes
28	电源同步的确认	No	Yes	Yes	Yes
29	测量试片的通、断电电位以及交流、直流电流	No	Yes	Yes	Yes
30	测量土壤电位梯度	No	Yes	Yes	Yes
31	交流电流衰减测量（PCM）	No	No	Yes	Yes
32	DCVG 测量	No	No	Yes	Yes
33	ACVG 测量	No	No	Yes	Yes
34	静态直流杂散电流检测	No	Yes	Yes	Yes

续表

序号	技术要求	CPL1 检测员	CPL2 助理工程师	CPL3 工程师	CPL4 高级工程师
35	动态直流杂散电流检测	No	Yes	Yes	Yes
36	分析及整治静态直流干扰	No	No	Yes	Yes
37	分析及整治动态直流干扰	No	No	No	Yes
38	分析及整治交流干扰	No	No	No	Yes
39	监督电缆的修复	No	Yes	Yes	Yes
40	套管绝缘的检测	No	Yes	Yes	Yes
41	阴极保护设施的目视检测，如测试桩	Yes	Yes	Yes	Yes
42	涂层机械损伤的检查	No	Yes	Yes	Yes
43	对涂层或结构进行详细损伤检查	No	No	Yes	Yes
44	检测剥离涂层下的阴极保护有效性	No	No	Yes	Yes
45	测量腐蚀范围	No	No	Yes	Yes
46	分析数据，确认腐蚀原因及修复方案	No	No	No	Yes
47	水体穿越段管地电位测量	No	Yes	Yes	Yes
48	管道、场站、定向钻穿越段电流需求试验	No	No	Yes	Yes

附表3-3 阴极保护日常维护需要的仪器工具

序号	设备名称	性能要求	数量
1	数字万用表	内阻大于10MΩ	2
2	饱和硫酸铜参比电极	外壳用遮光纸包裹	3
3	接地电阻测量仪（ZC-8）	四支接地极及导线	1
4	数据记录仪	读数频率 [次/（10秒~24小时）]	1
5	数据记录仪	读数频率（50次/秒）	1
6	电位试片或极化探头	试片裸露面积10cm^{2}及连线	若干
7	PCM测试仪	配A型架	1套
8	长度2m的测量导线	截面积2.5mm^2，两端带鳄鱼夹	5
9	电工工具箱	常用的电工工具	1套

附录 4　名词术语解释

1. 阴极保护 cathodic protection

在电化学电池中，使金属表面为阴极从而控制腐蚀的技术。

2. 腐蚀 corrosion

金属与环境发生反应而劣化过程。

3. 自然电位 native potential

埋地设施在阴极保护系统投用之前对电解质电位，也称为腐蚀电位。

4. 阳极填料 anode backfill

在埋地阳极四周添加的材料，以降低阳极接地电阻。

5. 跨接 bond

采用金属导线将同一构筑物或不同构筑物上的两点连接起来。

6. 直流去耦合器 d. c. decoupling device

对直流电呈现高电阻，而对交流电呈现低阻抗通道的设备，如接地电池极化电池、电容器、二极管。

7. 汇流点 drain point

阴极电缆与被保护管道连接的连接点，保护电流籍此流回电源。

8. 阳极地床 anode groundbed

埋地的牺牲阳极或强制电流辅助阳极系统。

9. 辅助阳极 impressed-current anode

利用强制电流为埋地结构提供阴极保护电流的接地极。

10. 瞬时断电电位 instant-off potential

为测量极化电位，在电流中断瞬间测量的断电电位。一般是延迟300ms，以避免电压脉冲对电位值的影响。如果采用试片，延迟可以更短。

11. IR 降　IR drop

阴极保护电位测量回路中所有电流在测量回路（主要是电解质电阻）产生的电压降。

12. 极化电位　polarized potential

无 IR 降电位，是金属与电解液接触面上的电压，数值上等于瞬时断电电位。

13. 绝缘装置　isolating device

安装在两管段之间用于隔断电连续的电绝缘组件，如整体型绝缘接头、绝缘法兰。

14. 测试桩　test post

布设在埋地管道上，用于监测与测试管道阴极保护参数的附属设施。

15. 通电电位　on potential

阴极保护系统持续运行时测量的管道对电解质电位。

16. 极化　polarization

阴极保护电流引起的管道对电解质电位的偏移量。数值上等于极化电位与自然电位或去极化电位的差。

17. 保护电位　protection potential

管道的金属腐蚀速率可以接受状况下的管道对电解质电位。

18. 恒电位仪　auto-control constant potential T/R

保持管地电位恒定的电源装置。

19. 硅整流器　silicon rectifier

利用硅二极管或可控硅将交流电转换成直流电的整流装置。

20. 额定输出电压　rated output voltage

电源设备规定的最高输出电压。

21. 额定输出电流　rated output current

电源设备规定的最大输出电流。

22. 远方大地　remote earth

任何两点之间没有因电流流动引起的可测量的电压的区域。该区域一般存在于接地电极、接地系统、辅助阳极地床或受保护的构筑物的影响区以外。

23. 杂散电流　stray current

沿规定路径之外的途径流动的电流。

24. 干扰　interference

杂散电流引起的结构表面电流密度的变化，表现为电位波动。

25. 阴极剥离　cathodic disbondment

由于阴极保护产物而造成的涂层与结构之间的脱黏。

26. 涂层漏点　coating holiday

防腐层破损点。

27. 其他结构　foreign structure

所考虑系统之外的其他结构。

28. 参比电极　reference electrode

在类似环境下，其电位可以认为是恒定的电极，如饱和硫酸铜参比电极。

29. 屏蔽　shielding

将阴极保护电流阻碍或传导到其他方向。

30. 大地电流　telluric current

由于地磁扰动而在大地中产生的电流。

31. CIPS（close interval potential survey）　密间隔电位测量

32. CSE（copper sulfate electrode）　铜/饱和硫酸铜参比电极

33. DCVG（direct current voltage gradient）　直流电位梯度

34. ACVG（alternating current voltage gradient）　交流电位梯度

35. SPD（surge protective device）　防浪涌保护装置，如直流去耦合器、火花间隙等

36. **SRB**（sulfate reducing bacteria） 硫酸盐还原菌

37. **LOTO**（lock out／tag out） 挂牌上锁

38. **GPR**（ground potential rising） 地电位升

39. **T／R**（transformer rectifier） 变压整流器

40. **IJ**（isolating joint） 绝缘接头

41. **JBX**（junction box） 接线箱

42. **PCM**（pipe current mapper） 管道电流测绘仪

43. **PCR**（polarization cell replacement） 极化电池替代品
（直流去耦合器）

44. **3LPE** 或 **3PE**（three layer polyethylene） 3 层 PE 防腐层

45. **FBE**（fusion bonded epoxy） 熔结环氧粉末

46. 保护率 $= \dfrac{管道总长度 - 保护未达标长度}{管道总长度} \times 100\%$

47. 保护度 $=$

$$\dfrac{未施加阴极保护的试片失重量 - 施加阴极保护的试片失重量}{未施加阴极保护的试片失重量} \times 100\%$$

48. 运行率（年）$= \dfrac{阴极保护设施年运行小时数}{年小时数} \times 100\%$

附录5　阴极保护行业部分优秀企业推荐

一、香港棠记工程有限公司

棠记工程有限公司 1994 年在香港成立，是一家独资经营的专业工程公司；母公司棠记控股有限公司 2018 年已在香港联交所上市。棠记控股有限公司已在香港特区政府屋宇署注册为一般建筑承建商、小型工程承建商及专门承建商（拆卸工程类别）；也在机电工程署注册为电业承办商。

主要服务的客户包括集装箱码头公司、迪士尼主题公园、燃油公司、燃气公司、电力公司、顾问工程公司、总承建商、铁路公司、机场设施营运机构、发展商、公共设施公司及政府机构等。主要业务是大型物业的维护、保养及改装；钢结构及土建项目；码头混凝土钢筋、桥梁、管道、隧涵阴极保护业务，更是在香港首屈一指的持份者。

棠记控股有限公司服务方针是走精品路线，为广大客户提供高品质的服务。

二、廊坊市盈波管道技术有限公司

廊坊市盈波管道技术有限公司成立于 2012 年，是中国阴极保护协会常务理事会员。主要从事管道阴极保护技术咨询、培训、管道维护、管道检测等工作。公司由在管道防护领域工作多年的专家组成，具有丰富的经验和阅历。自 2016 年开始，在国内外举办了多期阴极保护培训班，得到了业界的认可。完成了多项阴极保护工程设计、咨询、工程指导、管道检测及检测报告的评审工作。

公司的宗旨是以行业进步为己任，用先进的技术、饱满的热情服务客户。

三、长园长通新材料股份有限公司

长园长通新材料股份有限公司（股票代码：836349）是长园集团股份有限公司（股票代码：600525）的控股子公司，是国家级和市级高新技术企业，拥有多项自主知识产权，从事油气管道防腐工程、内检测、外检测、阴极保护技术服务以及管道防腐蚀系列产品、材料的研发、生产、销售及施工；致力于腐蚀与防护一体化解决方案技术的研究与应用。

公司在管道阴极保护、管道检测、安全评价和防腐层维修等方面具有雄厚的技术实力，在腐蚀控制、阴极保护领域，公司拥有多名通过中国阴极保护协会和美国腐蚀工程师协会认证的阴极保护技术人员，具备丰富的管道现场检测经验。近年来公司承揽了中石油西气东输、西部管道、中石化、广东大鹏 LNG、深圳燃气集团、法国液化空气集团、港华燃气等多家公司的外防腐层检测、评价、防腐层修复、阴极保护系统设计施工、杂散电流治理等方面的工程上百项，是中石油、中石化认可的且具有 15 年以上服务经历的一级供应商，为诸多油气管道的安全运行作出了巨大贡献，受到客户的良好评价。

四、青岛雅合科技发展有限公司

青岛雅合科技发展有限公司成立于 2004 年，是集研发、生产、销售、施工于一体的民营科技企业，是青岛市政府认定的高新技术企业。

2004 年，公司成功开发出了基于全数字控制技术和大功率高频开关电源技术的"IHF 数控高频开关恒电位仪"，并通过中国石化集团公司鉴定，达到国内领先水平。近年来青岛雅合科技发展有限公司先后又成功研制出多路输出恒电位仪、核电站专用自控恒电位仪、智能电位采集仪、远程电位监测仪、固态去耦合器、GPS 同步通断器等一批自主知识产权的阴保相关产品。在国家大批重点项目上广泛应用，典型客户包括西气东输二线、西气东输三线、川气东送、中缅管道、国家战略石油储备库、核电站、新疆煤制气管道、鄂安沧管道等近五百家用户。

青岛雅合科技发展有限公司建立、拥有了一支强有力的专业化的销售和技术服务队伍，秉承客户至上的理念，竭尽全力为客户解决问题、提供及时周到服务，在业内取得了良好口碑。

五、北京安科腐蚀技术有限公司

北京安科腐蚀技术有限公司（简称"安科腐蚀"）成立于2009年，公司致力于管道腐蚀与控制相关产品的研发和生产、国外先进腐蚀与控制技术和产品的引进，为国内外管道行业、油气田行业、燃气行业以及化工行业等提供腐蚀与控制领域的先进产品和服务。在埋地管道腐蚀监测、检测，管道阴极保护效果评估，管道防腐层测试，管道杂散电流干扰防护等专业领域有一大批先进的产品和技术。公司自主研发的抗干扰恒电位仪、阴极保护远传系统、参比电极、极化探头、极化试片、杂散电流测试仪、数据记录仪、固态去耦合器、电路断路器、阴极保护设计相关软件等产品在行业内得到广泛应用和好评。

安科腐蚀拥有雄厚的人力资源，在机械、电子、计算机、材料、腐蚀与防护等专业拥有一大批专家、博士和工程师。在产品开发设计、产品引进方面极具有前瞻性，持续不断地为客户提供优良的产品和技术。

六、四川中德安邦电子技术有限公司

四川中德安邦电子技术有限公司成立于2015年，公司主要致力于防雷和电危害防护产品的开发、生产、销售及工程施工。

公司拥有一支经验丰富的高素质管理与技术人才队伍，常年从事阴极保护与防雷接地工作。同时聘请多名专家、教授为公司顾问，形成一支高水平智囊团队，为公司的可持续发展提供了有力保障。

主要产品有：①固态去耦器；②排流器/极性排流器；③等电位连接器；④天幕型直击雷保护装置；⑤防地电位反击汇流箱；⑥浪涌保护器；⑦接地材料。

七、克拉玛依普特龙科技有限公司

克拉玛依普特龙科技有限公司是专业从事管道保护科技开发、生产的高新技术生产企业，拥有一批从事防腐、保温生产施工 20 余年的专业化技术人才和施工队伍，熟悉目前国内外先进的防腐保温生产、技术和工艺。2003 年公司在新疆率先投资建成第一条现代化钢管 3PE 外防腐生产线，可加工 $DN114 \sim DN1420$ 多种规格的钢管外涂层，可承担各种钢质管道单层和双层熔结环氧粉末、2PE 和 3PE、双层聚丙烯（2PP）和三层聚丙烯（3PP）外防腐及内壁防腐涂层。

公司专业承接管道、场站检测技术服务及设备、管道不开挖修复、管道内穿插检测及修复；油井管钻杆套管防腐检测；此外，承接焊口防腐保温补口、阴极保护等防腐保温工程。

八、四川德源石油天然气工程有限公司

四川德源石油天然气工程有限公司 2002 年创建于中国成都市，在石油天然气管道维修维护施工技术服务领域具有 15 年以上的历史，专业从事石油天然气管道缺陷修复技术研究、管道缺陷复合材料补强修复、钢质环氧套筒补强修复、防腐工程、定向钻穿越环氧玻璃钢外护工程施工、管道检测与评价、阴极保护、完整性管理、内检测数据分析评价、管道中心线测绘及在役管道数字化、管道软件开发等专业技术服务。

公司秉承"开放、诚信、共赢"的企业宗旨，以"让管道更安全，为客户创造更大价值"为使命，为管道安全保驾护航，为客户提供优质的产品和服务。

九、廊坊市中益德石油燃气设备有限公司

廊坊市中益德石油燃气设备有限公司始建于 2003 年，是集各类

石油、天然气管道铺设用品研制、开发、生产和销售于一体的高科技企业，属国家"科技型企业创新基金"扶持企业。公司依托于管道之乡的地理及人才资源优势，拥有长达近十年的石油、天然气管道铺设用品研制与生产经验，拥有国内一流的专家、技术人员团队，技术力量雄厚。所涉及服务范围包括管道穿越保护、阴极保护测试评价、管道外防腐检测与评价等。是致力于石油天然气管道铺设、管道运行，集设计、生产、销售、安装、技术支持于一体的集团化的公司。

公司秉承诚信、共赢的经营理念，以诚为本，追求专业化，让客户满意，生产、技术、服务创国内国际一流是公司全体人员的共同目标。

参考文献

[1] ISO 15589—2015　Petroleum, petrochemical and natural gas industries—Cathodic protection of pipeline systems Part 1: On-land pipelines Published in Switzerland.

[2] GB/T 21448—2017　埋地钢质管道阴极保护技术规范.

[3] GB/T 21246—2007　埋地钢质管道阴极保护参数测量方法.

[4] GB/T 19285—2014　埋地钢质管道腐蚀防护工程检验.

[5] GB/T 50698—2011　埋地钢质管道交流干扰防护技术标准.

[6] W. von BaeckMann, W. Schwenk. Hand Book of Cathodic Protection. Gulf Professional Publishing, 1997.